成功不击败别人
而是改变自己

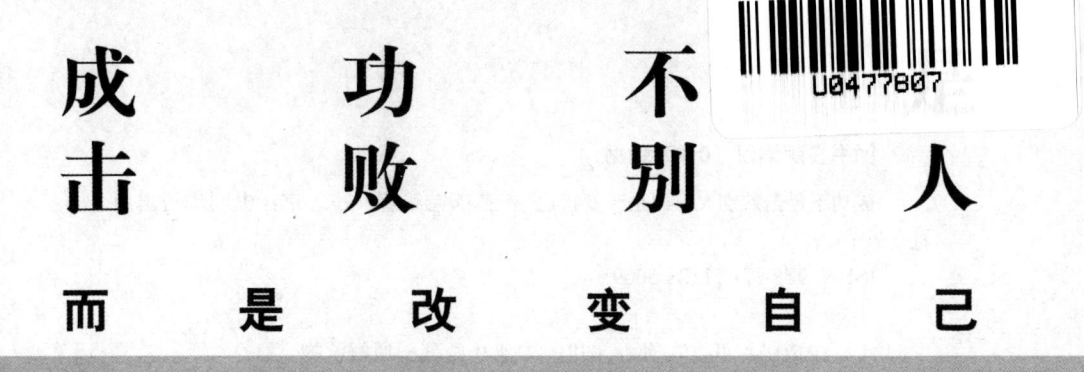

孙郡锴 编著

中国华侨出版社

图书在版编目（CIP）数据

成功不是击败别人，而是改变自己 / 孙郡锴编著. —北京：中国华侨出版社，2016.9

ISBN 978-7-5113-6069-4

Ⅰ．①成… Ⅱ．①孙… Ⅲ．①成功心理—通俗读物 Ⅳ．①B848.4-49

中国版本图书馆CIP数据核字（2016）第114625号

● 成功不是击败别人，而是改变自己

编　　著／孙郡锴
责任编辑／文　喆
封面设计／一个人·设计
经　　销／新华书店
开　　本／710毫米×1000毫米　1/16　印张／16　字数／223千字
印　　刷／北京一鑫印务有限责任公司
版　　次／2016年9月第1版　2019年8月第2次印刷
书　　号／ISBN 978-7-5113-6069-4
定　　价／32.00元

中国华侨出版社　北京市朝阳区静安里26号通成达大厦3层　邮编100028
法律顾问：陈鹰律师事务所
编辑部：（010）64443056　　64443979
发行部：（010）64443051　　传真：64439708
网　　址：www.oveaschin.com
E-mail：oveaschin@sina.com

前　言

　　我们可能常会问别人：你对自己的现状满意吗？多数人的回答是——不满意。然后我们就会问：你想改变现状吗？他们的回答自然是——非常想。那么我们有没有问过自己：你对自己的现状满意吗？你想改变自己的现状吗？事实上，我们的回答会和他们一样。只是，一个很关键的问题——我们并不清楚自己为什么会对现状不满，更令人感慨的是，我们对于现状是怎样形成的都还没有正确的认识。

　　这个问题的答案，很简单，一言以蔽之，就是有因必有果——每一个行为都有一种结果。我们日复一日地写下自身的命运，因为我们的所为毫不留情地决定我们的命运。这就是人生的最高逻辑和法则。

　　换言之，过往发生在我们身上的一切错误，造成了今天梦想的贻误。所以，我们必须学着改变自己，因为自己还不完善，还有很多缺点需要去改。

　　如果你不想改变，这个世界不会给你留下任何情面。现在的世界是一个整合性的环境，是多维度、多变量的整合，要在社会中生存、发展甚至有所贡献，那么就不能闭门自赏。人在社会中如逆水行舟，不进则退，社会在变、时代在变、别人在变，如果你不变，势必会成为这个社会的弃儿。

届时，任何的抱怨都是无济于事的，只会让自己的情况更加糟糕。如果你不想有那样一个明天，那么就在今天，尝试着去改变自己。你会感觉到，自己的体内被注入了新鲜血液，你会有更多新的发现。

一个人幸运的前提，是他有能力改变自己。一切，从改变开始。

改变，是因为不满现状，因为有一颗不甘如此的心，有一个跟现在环境不能吻合的梦想！

改变自己，就是改变那些令我们困顿难前的过错，改变自己，就是改变自己落后的一面。改变，不是说要放弃自我，放弃做人的原则，不辨利害地乱改一气，而是改掉自己不好的，留下更好的。所以，你对这个世界必须有一个明白无误的分辨，只有知道了什么是不变的，才能找到自己需要改变的。

改变，需要一个持之以恒的心态。如果今天改变一点点，明天就又倒回去，这个月进步一点点，下个月又开始松散，那么，你永远也成不了自己想要的自己，你的生活还会和以前一样，停滞不前，甚至是穷困潦倒。

目 录

辑一　换一种思想
人生的高度，取决于你对人生的思考

人与人之间根本没有多大区别，只是因为思想不同，看问题的角度不同，解决问题的方法不同，所以导致了思路的天壤之别。你现在人生上的落后，很可能是因为你思想上的落伍，只有改变你的思想，你才能改变自己的命运——命运与思想息息相关，一损俱损，一荣俱荣。

Part 1　多变的世界，不允许我们有太多的固执
　　　　我们必须调整生活状态，才不辜负这么聪明的自己 / 2
　　　　与时俱进，才不会落于人后 / 6
　　　　认真对待生活，生活才会认真对待你 / 8

Part2　破除观念的锁，开放的人生不应承受任何形式的禁锢
　　　　不改变观念，就无法改变自己 / 11
　　　　受到观念的禁锢，常让我们与成功无缘 / 14

这一辈子，一定要找一次出彩的机会 / 16

Part3　拆除思维的墙，人生就有无限可能

变化无穷的世界，需要变化无穷的思维 / 19

在其他人都投资的地方投资，你不会成功 / 22

就算胡思乱想，也胜过什么都不想 / 24

Part 4　提升自我，你先要认清你自己

做事之前，先清楚自己适合什么 / 27

梦想若与实际不符，到头来只能是空忙一场 / 29

如果在错的地方努力，永远得不到对的结果 / 31

辑二　换一种心态
生活的面貌，取决于你凝视它的目光

人与人的智商本无太大区别，真正的区别在于心态，心态决定谁是坐骑，谁是骑师。改变你的心态，也就改变了你看世界的角度，而当你改变看问题的角度时，即使遇到世界上最倒霉、最不幸的事，也不会成为世界上最倒霉、最不幸的人。

Part 1　任何一种处境，都受到我们对待处境的态度的影响

心态好才能幸福，聪明人未必只做聪明事 / 34

心态上的偏离，常会导致行为上的出轨 / 36

拥有好心态，才能无惧困难和挑战 / 38

目录 Contents

Part 2　默认自己无能，无疑是给失败制造机会

　　有尊严地活着，成就生命的价值 / 40

　　没有脱离困厄的愿望，就不会有飞黄腾达的景象 / 43

　　如果内心不阳刚，生命怎么能坚强 / 45

Part3　比危机更可怕的，是人的心态危机

　　能让你萎靡不振的，只有你的心 / 49

　　闭上眼睛是危险，抬起头来是契机 / 51

　　置之死地能后生，投之亡地可后存 / 53

Part4　换个角度看困难，人生没有过不去的坎儿

　　一眼之别，就是两个不同的世界 / 56

　　如果不能流泪，那就选择微笑 / 59

　　折磨你的人，又何尝不是成就你的人 / 61

辑三　换一个形象
在形象上干干净净，在内心中清清白白

　　如果你一直无法得到别人的认可，那可能是你的形象出了错，不是外表，而是内在。那么，你必须改变自己的形象，不是为了迎合，而是为了"人和"。改变形象，是一种充满意义的事情。然而，改变的前提条件是，我们必须不停地给自己的人生充电。一个人自然可以不必频频"变脸"，但必须在暗中默默地积蓄可以随时"变脸"的勇气和力量。如此，才能把人生的主动权牢牢地操控在自己的手中。

Part 1　衡量一个人，要看他具有什么样的品格

　　静下心，寻找高贵的灵魂 / 64

　　没有优秀做条件，成功也只是徒有其表 / 67

　　如果生命有了污点，只能用灵魂去清洗 / 69

Part 2　失足，你可能马上站起；失信，你也许永难挽回

　　当信用消失的时候，灵魂也就堕入了地狱 / 72

　　糟蹋自己的名誉，无异是在拿人格做典当 / 76

　　以诚待人，非为益人 / 78

Part 3　心量狭小，则多烦恼；心量广大，则无烦恼

　　有大心量的人，才能铸造大格局 / 81

　　成大事者不恤耻，成大功者不小苛 / 83

　　宽容大度，以德报怨 / 85

Part 4　吝啬鬼永远处在不快乐中，真心给予方得快乐

　　人在被别人需要时，才能体现生命最大的价值 / 87

　　给予不为回报，可以得到幸福 / 89

　　举手之劳暖人心，助人为乐获幸福 / 91

辑四　换一副精神
只要心志不泯，每个人都是奇迹的创造者

　　人们遇到挫折时，会采取各种各样的态度。综合起来，无非是两种态度，一种是对挫折采取积极进取的态度，即理智的态度，这时的挫折激励人追求成功；另一种是采取消极防范的

目 录　Contents

态度，即非理智的态度，这时的挫折使人放弃目标，甚至造成伤害。如果你属于后者，那么势必要改变。人，想立于社会，就必须把自己塑造成器，必须要有那么点精神。

Part 1　过于爽快地承认失败，就不会发现自己已经接近成功

　　　　熬过失败的苦难，才能品尝成功的甘甜 / 94
　　　　如果内心认定自己败了，那就永远地败了 / 97
　　　　屡败屡战，老天都不好意思再为难你 / 99

Part 2　保持澎拜的激情

　　　　谁能坚持到最后，谁就是最大的赢家 / 102
　　　　哪怕是把想象坚持到底，也会获得成功 / 104
　　　　当专注成为一种习惯，就能成功 / 106

Part 3　拿出胆量来！谁胆怯，谁就要受折磨

　　　　如果我们不敢去冒风险，那就只能看着机会溜走 / 109
　　　　人生如果不大胆地冒险，便会错过机遇 / 111
　　　　了不起的，常是那些愿意冒险的人 / 113

Part 4　伟大的代价就是责任，责任感与机遇成正比

　　　　过错是暂时的遗憾，错过却是永远的遗憾 / 116
　　　　把过错承担起来，坏事也许亦会是好事 / 118
　　　　一个人越敢于担当大任，他的意气越是风发 / 120

辑五　换一种姿态
抬高自己别人会低看你，放低自己别人会高看你

只有自以为是的人才会习惯于高高在上，真正聪明的人都懂得要谦逊，只有这样的人，才能真正融入社会中去。你能把自己放在最低处，实际上你就在最高处；如果你把自己放在最高处，实际上你就在最低处。

Part 1　骄慢倨傲，去之者多；劳谦虚己，附之者众
　　一个傲慢的人，总是在傲慢中尴尬 / 124
　　放下心理上的"架子"，才能迎来成功 / 126
　　谦，尊而光，卑而不可逾 / 128

Part 2　闪电总是击打最高处的物体，所以，做人要谦虚
　　不炫耀自己，谦虚待人 / 131
　　卖弄小聪明，不如收敛锋芒 / 133
　　放低姿态做人，放开手脚做事 / 136

Part 3　忍下一时之气，方能实现凌云壮志
　　无论实力强弱，忍耐一点又何妨 / 138
　　能够包羞忍耻，才能走得更远 / 140
　　笑到最后的人，才是笑得最美的 / 142

目录　Contents

Part 4　雾里看花，也不失为一种幸福

　　所谓糊涂，是表面糊涂内心清明 / 145

　　糊涂一些，才是真聪明 / 148

　　能够看破是你的本事，难得糊涂才是真高明 / 150

辑六　换一种性格
一个人的失败，很大程度上因为性格的缺陷

　　从学生到社会人，从初生牛犊到社会精英，大多数人的起点是没有本质差别的。同样的起跑线，不同的性格，决定不同的发展速度。很多人都知道这样一句话"性格决定命运"，个人习惯是性格的体现，习惯决定着行为，行为影响人生成就。

Part 1　性格导向成功也导向失败

　　拥有较多的良好性格，就等于抓住了成功的入场券 / 154

　　那些性格好的人，往往能够在事业上春风得意 / 156

　　培养优良性格，让自己备受欢迎 / 158

Part 2　不成熟的性格，无法促成成熟的人生

　　理性是前途的罗盘，它引导生命于迷途 / 160

　　那些愚蠢的行为，大多是因为手比脑袋动得快 / 163

　　管理不好情绪的人，不可能管理好自己的人生 / 165

Part 3　性格中的依赖，是对生命最大的束缚

习惯于依赖的人，他的生命力趋向于零 / 167

若你自己不肯努力，别人又如何救得了你 / 169

依靠自己，才能获得真正的成功 / 172

Part 4　性格中的软弱，是生命最大的羁绊

向别人要同情的人，是极其卑微的可怜人 / 174

一味逆来顺受，就会成为别人刀板上的肉 / 177

坚持你的原则，不要任凭别人去摆布 / 180

辑七　换一种习惯
甩掉一个坏习惯，就等于迎来一个好伴侣

习惯是一种顽强而巨大的力量，它可以主宰人生。好习惯是人在神经系统中存放的资本，这个资本会不断地增长，毕生就可以享用它的利息。而坏习惯是无法偿清的债务，这种债务能以不断增长的利息折磨人，使人失败，并把人引到破产的地步。

Part 1　抛弃时间的人，时间也会抛弃他

浪费时间，就是在浪费本就有限的生命 / 184

对零碎时间的掌握，是促成成功的一大因素 / 186

充分利用时间，才不辜负这极珍贵的资源 / 188

目录 Contents

Part 2　很多本来可以优秀的人，却被拖延给绊倒了

人生走到什么地步，往往是能否决断的结果 / 190

行动不一定决定成功，但没有行动肯定没有成功 / 192

在竞争时代，快一步就意味着可以胜人一筹 / 194

Part 3　前途不属于犹豫不决的人，因为犹豫的结果是错过

凡事都要犹豫，老天也不会把机会再给你 / 198

一个左顾右盼的人，永远找不到最好的答案 / 201

即使不成熟的尝试，也胜过"胎死腹中"的计划 / 204

Part 4　天赋若是被懒惰所左右，事业也就没有指望了

没有一件有价值的东西，可以不经付出而得到 / 207

运气并非命中注定，因为勤奋可以促成运气的产生 / 209

谁在平时多做一点，机会就会眷顾谁更多一点 / 211

辑八　换一种行为
你今天所做的事，决定你十年后的生活是否舒适

如果过去的日子曾经教过我们一些什么的话，那便是有因必有果——每一个行为都有一种结果。我们日复一日地写下自身的命运，因为我们的所为毫不留情地决定我们的命运。这就是人生的最高逻辑和法则。

Part 1　我们无法预订成功的次数，但可以减少失败的概率

善于思考的人步步为营，不会思考的人晕头转向 / 214

百分之一的错误，也许就会变成百分之百的失败 / 216

冒险不是冲动决定，而是深思熟虑的决定 / 218

Part 2　方向错了就回航，不要在错误的地方浪费力气

如果把宝物放错了地方，宝物也会变成废物 / 220

朝着错误的方向奔跑，跑得越快离目标就越远 / 222

直路不通的时候，绕过去便可以找到一条新路 / 224

Part3　换一种方式与人相处，你的世界不会有敌手

如果你总以自我为中心，别人就会让你成为边缘人 / 227

表现为人生增光添彩，但卖弄则会使之黯然失色 / 229

随时随地保持你的随和，这是与人相处的首要原则 / 231

Part 4　有理性的人的生活，必须永远在进取中度过

知足固然常乐，但过分知足注定平庸 / 234

我们不再超越，就面临着被人超越的危险 / 238

无论什么时候，都不要让自己落在别人的后面 / 240

辑一　换一种思想
人生的高度，取决于你对人生的思考

　　人与人之间根本没有多大区别，只是因为思想不同，看问题的角度不同，解决问题的方法不同，所以导致了思路的天壤之别。你现在人生上的落后，很可能是因为你思想上的落伍，只有改变你的思想，你才能改变自己的命运——命运与思想息息相关，一损俱损，一荣俱荣。

Part 1
多变的世界，不允许我们有太多的固执

这个世界，不会因为你不愿意改变而停止改变。如果你竟那般固执地不肯跟随它的步伐，它势必会毫不留情地将你抛弃。每一个上进的人，都是在生命的过程中不断改造自己。在成功的道路上，有一只凶猛的拦路虎就是你自己，你必须敢于同它挑战，并战胜它。

我们必须调整生活状态，才不辜负这么聪明的自己

人们的生存结构就像是一个金字塔，只有相对少数的一些人生存在金字塔的顶端，蒸蒸日上，繁荣兴旺，而大部分人则一直处在金字塔的底部，每天只能收支相抵，量入为出，勉强活着而已。但事实上，那些处于金字塔顶端的人每天并不比谁多拥有一分钟时间，那为什么他们就能在同样的时间内，创造出大多数人只能仰视的成就呢？问题的根本就在于思想上的差别。

辑一 换一种思想 人生的高度，取决于你对人生的思考

很多人之所以仍在为了衣食住行发愁，仍然看着别人的脸色过日子，关键就在于这些人总是觉得"自己不行"，这种心态会令人们将主观性的"心理界限"当成是无能为力的"生理界限"，于是干劲和斗志都丧失殆尽，那么也就真的不行了。

美国著名心理学家塞里格曼曾做过一个经典实验：他将狗关在笼子中，然后对狗进行电击，我们这里暂不对他的虐狗事件进行评论。言归正传，塞里格曼事先做好了设置，每次电击之前都会有一个蜂音器响起。开始的时候，那只狗东冲西撞、上蹿下跳，试图逃出笼子避免电击。但一次次的尝试失败以后，狗发现自己根本逃不出笼子。于是，只要蜂音器一响，它就安静地趴在那里等待电击。后来，塞里格曼将笼门打开，然后开启蜂音器。你猜结果怎样？那只狗非但没有抓住机会逃出笼子，反而条件反射地躺在地上呻吟、颤抖。

想一想，有些时候我们是不是和动物一样，当遭遇一种自以为无法改变的客观状况时，心中就充满了无助感，然而日复一日、年复一年，逆来顺受便成了习惯，即使客观条件有所改变，我们仍然无法从已形成的无助和恐惧中摆脱出来，因而错失了许多改变命运的机会，同时也就注定了一生的无为。然而更可悲的是，有些人索性就把这当成了生命的一种常态！

其实从人的心理上讲，没有人甘于平庸，只是极少有人愿意打破平庸。我们身边的人可能都在说，自己将来要怎样怎样，都说自己不想一直像现在这样生活，但若干年后，绝大多数人还是平庸者。究其根由，尽管他们不甘于平庸，却从来不愿意做出不平庸的动作！

还记得那个放羊娃的故事吗？

有一位记者，到一个山区去采访，因为一时间找不到好的题材，于是就在山里转来转去，一面寻找好的题材，一面欣赏着山里的风景，这时他

经过山里的一片草坪，在那片草坪上，看到了一个非常可爱的小男孩，放着一群羊，于是这位记者就走了过去，记者实在无聊，就打趣地和小孩说起话来："小孩，你在做什么啊？"

"你没有看见吗，我在放羊。"小孩回答。

记者接着问："为什么要放羊？"

小孩又回答说："放羊为了赚钱！"

记者又问："为什么要赚钱呢？"

"赚了钱，可以娶老婆！"小孩认真地回答道。

记者觉得这小孩挺有趣，又问道："为什么要娶老婆呢？"

小孩回答说："娶了老婆，就可以生儿子！"

记者越问越觉得这小孩越可爱："为什么要生儿子呢？"

小孩有点不耐烦了，回答道："生了儿子当然是放羊啦！"

可能大多数人都只把它当成一个笑话来看，但事实上，大多数人的生活与此何其相似。

上学干吗？找好工作；找好工作干吗？有了好工作可以找个更好的另一半；有了更好的另一半干吗？生孩子；生了孩子干吗？为他提供一个良好的受教育环境……我们经常甘于平庸，这虽然不是失败，但却比失败更严重。失败了至少还能引起反思，去努力改进，重新追求成功，而一旦选择了平庸，人生的层次就无法再提高了。

现在你应该明白了，为什么有些美女、才女宁愿嫁给把家底都折腾光了的"败家子"，也不愿意嫁给老实本分的乖男人。因为败家子敢于做常人不愿意做的事情，至少还有迈向卓越的可能，而老实男人太循规蹈矩，想不平庸都难。

这不是在教人学坏，只是希望大家都能明白，如果一直周而复始地过着麻木、平庸的生活，你既得不到美女、才女的青睐，也赚不来丰厚的财富,这对你的后辈来说,就是一种很坏的影响。

所以,无论是为了我们自己还是为了我们的后辈,从现在开始,必须要试着去打破平庸。你不要说:"我没那能力","我没那条件"……这样的话,很多人就是因为对自我的状况十分不看好,才注定了生活无法改变。平庸是天生的吗?朱元璋从乞丐做到皇帝,不就是因为不认命吗?你要摆脱平庸,那么就要在心理上认可自己,从自我的意识中拒绝平庸,并用实际行动来满足自我的追求和需要。

这个时候,我们需要让自己的欲望大一点。人类之所以能够创造出今天文明,就是有欲望作动力,过度的欲望的确会毁掉一个人,但对于平庸的人来说,就需要一种追求更高层次的欲望来促进改变!因为想,所以要,继而才能竭尽全力去做,将天赋通过自我的选择和主观意识淋漓尽致地发挥出来!不想,不要,没有目标和追求,你怎么可能出类拔萃?

荷马史诗《奥德赛》中有一句至理名言:"没有比漫无目地徘徊更令人无法忍受的了。"你现在的麻木、不思进取,会造成10年后的恐慌,20年后的挣扎,甚至一辈子的平庸。如果不能尽快做出改变,我们实在无颜面对10年后、20年后的自己。人这 生,既有很多的不确定,也有很多的可能性。

与时俱进，才不会落于人后

很多人最容易犯的一个错误就是因循守旧、固执己见，不懂得紧跟时代步伐，结果他们也往往会被淘汰。

一家报社被迫关闭了，其原因就在于它不能顺应时代的潮流，报社的领导人不会采用最新的编辑方法，也不愿意外派记者去采访，更不知道花费一些开支去买传真机，他们甚至也没有计算过，多花一些钱去约一些知名作家做特约撰稿人，写出好的稿子，可以增加多少销量。他们请人来做校对，只图薪水便宜，认为水平如何不是重要问题，他们也很希望在新闻的采访费用方面节省些钱，所以大部分新闻都是东抄西剪。新闻界的一个常识就是：好的新闻要舍得花钱去买。但他们竟然认为那是不值得的。

于是，他们的报纸销路日渐下降，同时商家看到销量下降，无人问津，也不再来刊登广告了，到头来只好关门了事。

同样，许多律师所用的还是多年前学来的陈旧法律和老的辩论方法，这些学问在几十年前也许会大出风头，可以处处赢得诉讼的胜利，但是，现在的法律已经有了新的发展，辩论方法也较以前大有进步，而这些一度成功的律师们却一点也不注意去学习，他们用来用去就是那些老方法。等到他们发现自己的很多生意已经被那些在律师界还没有多少资历的后起之秀抢走之后，他们才恍然大悟，才知道不断进取的重要意义。

从古到今，世界上不知道有多少人将自己的宝贵精力都白白地耗费在

辑一 换一种思想 人生的高度，取决于你对人生的思考

没有任何意义的守旧工作中，他们根本不懂得何谓顺应时代潮流，何谓进取。它们好像整天生活在过去中一样，在别人眼里，他们简直成了呆头呆脑的老古董。

然而，留恋过去对现在的生活没有一点帮助。一个人最要紧的就是顺应时代的潮流，不要让别人说你是一个"落伍者"。人只有赶得上潮流，才会在不知不觉中得到巨大的进步。

一个木匠，造一手好门，他费了多日给自家造了一个门，他想这门用料实在、做工精良，一定会经久耐用。

后来，门上的钉子锈了，掉下一块板，木匠找出一个钉子补上，门又完好如初。后来又掉下一颗钉子，木匠就又换上一颗钉子；后来，有一块木板朽了，木匠就又找出一块板换上；后来，门闩损了，木匠就又换了一个门闩；再后来门轴坏了，木匠就又换上一个门轴……于是若干年后，这个门虽然无数次破损，但经过木匠的精心修理，仍坚固耐用。木匠对此甚是自豪，多亏有了这门手艺，不然门坏了还不知如何是好。

忽然有一天邻居对他说："你是木匠，你看看你们家这门？"木匠仔细一看，才发觉邻居家的门一个个样式新颖、质地优良，而自己家的门却又老又破，长满了补丁。于是木匠很是纳闷，但又禁不住笑了："是自己的这门手艺阻碍了自己家门的发展。"于是木匠一阵叹息："学一门手艺很重要，但换一种观念更重要，行业上的造诣是一笔财富，但也是一扇门，能关住自己。"

当一个人形成了某一根深蒂固的习惯方式之后，换一种观念是非常重要的。由于商业上的激烈竞争、科学上的不断发明，当今世界上的任何事物都与10年前大不一样了。如果一个人所知所思仍然是10年前的东西，那么在现代世界里，根本就没有他的容身之地。比如，一个打算经商的中年男人，在10年前他只要会写、会算、会接待顾客就可以了，但现在他

非得睁大眼睛来看更多其他的形势不可。比如，社会发展的态势、流行的时尚、文化科学等方面的进展，都是他应该密切关心的。

在当今时代，要想跟随时代的潮流，一定要对各个方面都有一个全面的了解、深刻的研究，还要随时注意国内外的大小事件、变化和市场的各种情况等。

无论你是做工的、行医的、经商的、当律师的，你都应该永远紧跟时代潮流。俗话说得好："人生如逆水行舟，不进则退。"一个人一旦停下来，驻足不前，一旦对于自己的才能学识感到满意，那么不久之后，他们就将被不断前进的时代巨轮远远地抛到后面去了。

认真对待生活，生活才会认真对待你

生活中有很多人不是在过日子，而是在"混"日子，对他们来说，生活就是柴米油盐酱醋茶，就是今天有钱今天花，明天没钱想办法。他们的生命里没有激情，没有神经，没有痛感，没有效率，没有反应。完全就是"当一天和尚撞一天钟"的心态，因而不接受任何新生事物和意见，对批评或表扬无所谓，没有耻辱感，也没有荣誉感。不论别人怎样拉扯，都可以逆来顺受，虽然活着，但活得没有一点脾气。如果没有外力的挤压，他们就会懒懒地堆在那里，丝毫不肯活动自己，一定要有人用力地拉着、扯着、管着、监督着，才能表现出那么一点张力，而一旦刺激消失，瞬间便又恢复了原样。他们往往都是活在自己的世界里，绝缘、防水、不过电，

辑一 换一种思想 人生的高度，取决于你对人生的思考

扶不起，麻木冷漠故没有快乐，耗尽心力却不见成绩，人生，不但疲惫，更显悲催。

这些人当初可能也是充满激情的，只是经历了一些之以后，当他们主观上认为自身无法把握或预测外部条件变化时，便开始担心自身付出的努力可能无法获得预期收益，于是就从心理上产生少付出，甚至不付出的思想，因为这样就能切实避免"失望"，这也许就是"混日子"的心理根源。

在职场上，这种心理尤为普遍，在一些人看来，工作就是养家糊口的一个保障而已，电脑一开一关，一天就过去了，别管做没做出什么业绩，反正工资是挣到了。然而事实上，"混日子"可不是每一个人都能够享受的待遇。换言之，如果你拥有绝对的资本和地位，那么你可以拿着工资混日子。但如果你只是一个普通的打工者，混日子的心理迟早会让你丢掉饭碗。道理再简单不过，公司可不是收容所，老板亦不是什么慈善家，不可能拿钱去养闲人。

孙松大学毕业以后进入一家国企做文职工作。最初的那段时间，他真是拼劲十足，任劳任怨，不论是写发言稿、做总结、上报材料还是跑腿打杂，甚至是给领导安排饭店、随行出差，他都做得尽心尽力。

孙松自己都记不清有多少次，为了赶发言稿或者报告，大家都下班了，他还在办公室加班加点，困了就只在办公室的沙发上眯一会儿。这样热情饱满地工作一年之后，孙松开始懈怠了，原因是他的努力并没有为自己换来一官半职。从这以后，孙松每天机械地上班下班，没有梦想，也没有追求，彻彻底底地开始混日子了。在他看来，反正无论自己多么努力，领导都不以为是，那么，累死累活也是活，混一天也是活，工资又不会少，何苦让自己那么辛苦呢？

的确，孙松的工作变得越来越轻松了。然而仅仅又过了一年，公司精简机制，没有任何背景又整天混日子的孙松第一个被请走了。

很多人都像孙松一样，寒窗苦读十余载，各方面的能力也都不错。但是，就因为短时间内没有得到别人的认可，丧失了热情，没了干劲，人也懒下去了。

不可置否，他们也曾有过激情，只是梦破、梦醒或梦圆了，回到现实，所以无梦；只是活得单调、乏味、自我，日复一日，所以无趣；又或伤痛太多、太重、太深，无以复加，反而无痛；也可能是生活艰难、困顿、委屈，心生怨愤，不再期冀；抑或是惨遭打压、排挤、欺诈，心有余悸，故而萎靡。总之，那些社会的、个人的，主观的、客观的因素纠结在一起，共同制造了混日子的人。在这个社会上，他们俨然已经沦为打酱油的局外人，无梦、无痛、更无趣；职业枯竭、才智枯竭、动力枯竭、价值枯竭，最终情感也枯竭。于是，他们常把这样的话挂在嘴边："以后慢慢混呗，能混成啥样就啥样！"听起来似乎很淡然，好像看破红尘以后的超脱一般，实则是在为自己的不作为找借口，这里面可能含有一些无奈，但更多的则是灵魂的懦弱，是自以为无可救药以后对生命的浪费和放纵。

其实人的生命是这样的——你将它闲置，它就会越发懒散，巴不得永远安息才好；你使劲利用它，它就不会消极怠工，即使你将它调至极限，它亦不会拒绝；尤其是在你将人生目标放在它面前时，不必你去提醒，它便会极力地去表现自己。所以，如果你还想活得有活力、活得滋润一些，那么无论如何请记住，认真对待生活，永远别让心中的美梦间断，要将自己的生命力激发到极限，而不是刚刚成年，便已饱经沧桑。

Part2
破除观念的锁，开放的人生不应承受任何形式的禁锢

一个人的现状由他的行为来决定，即他做了什么事，导致他现在的结果。而一个人的行为由他的思想来支配，他的思想又是由他的观念来引导的。所以一个人的现状，归根到底就是由他的观念所决定的，以此类推，一个人想改变自己的现状，首先要改变的就是自己的观念。

不改变观念，就无法改变自己

现在的我们，大多数人都靠打工过日子，用自己的血汗成就老板的事业，用自己的辛勤去烘托领导的辉煌。工作多年工资不过几千，省吃俭用半辈子，买个小套房还要借钱。回过头来想一想，决定生活的，或许就是当初的一念之差：如果当初带着几千块钱杀入股市，保不准现在已经成了百万富翁；如果当初肯放下身段花个几百元去摆地摊，没准现在已经成了大老板……可是当初你没做。你可能很勤劳，也能够理性用钱，但你没有

改变生活的想法，你的潜意识没有引导你去把握那些成功的机会，所以直到今天你还是老样子。

都住在同一片蓝天下，脚踩着同一片土地，一样的政策，甚至一样的学历，一样的班级，为什么有些人可以月赚万元乃至数十万元，有些人却只能保持温饱？许多人百思不得其解，总是认为自己运气不佳。其实成功来源于头脑。

有个普通人，因为衣食上的拮据在上帝面前痛哭流涕，诉说着生活的艰苦：累死累活卖力气，却挣不来几个钱。哭了一阵他开始埋怨起来："这个世界太不公平了，为什么有些人不出什么力气就能大鱼大肉，而我这么勤劳工作却吃不饱穿不暖！"上帝笑了，问他："要怎么样你才觉得公平？"他急忙说道："要是有人和我在相同的条件下，一起开始工作，他如果还能比我富有，我就没什么可说的了。"

上帝点了点头："好吧！"

话音一落，上帝让一位富人破了产，他现在和这个普通人一样窘迫。上帝给了他们一人一座煤山，挖出的煤归他们所有，给他们一个月的时间去改变生活。

两个人一起开挖，普通人平时习惯了体力活，挖煤对他来说就是小菜一碟，很快，他就挖了一车煤，拉去集市上卖了钱。然后，他把这些钱全都拿去买了美味的食物，给老婆孩子解馋。那个富人之前没干过重活，挖一会儿，歇一会儿还累得头晕眼花。到了傍晚才勉强装满一车煤拉到集市上。他用卖煤的钱买了几个馒头充饥，留下了大部分。

第二天，普通人天微微亮就来到了他的煤山，开始挥舞起他粗壮的胳膊。那个富人早早就去了集市，没多久，他带回两个健壮的大汉，这两个人一到煤山就甩开膀子帮富人挖煤，而富人只站在一旁监督着。一天下来，富人运出了好几车煤，他除了给工人开工钱，剩下的钱还比普通人赚

辑一　换一种思想　人生的高度，取决于你对人生的思考

的钱多好几倍。

第二天，富人如法炮制，又雇了几个工人来。就这样，一个月过去了，普通人只是刚刚挖开了煤山一角，而富人早就指挥工人挖光了煤山，赚了不少钱，他用这些钱再去投资，不久又发家了。

普通人从此再也不抱怨了。

如果固化、错误的观念不改变，不满意的现状就无法改变。想要改变世界，请先改变你自己。

有个牧师临终前对他的妻子说："年轻时，我立志改造这个世界，我到过各个地方，向人们讲述如何生活和应该做什么的道理，但是，"他接着说，"看来是没有起到什么作用，因为没人听我说什么。于是我决定先改变我的家人，但是使我迷茫的是，你们对我的话也不理会，没有发生任何我所希求的变化。"他停顿了一下，叹息道，"后来，到了生命的最后几年，我才认识到，我真正能够影响到的、唯一的人就是我自己。如果我想改变这个世界，我应该从改变自我开始。"

如果想法不对，再多努力也白费，想法比努力更重要！今天的市场经济，是观念的更新，是想法的变革，是头脑的竞赛。想要改变今天的不如意局面，首先就要改变想法。

如果你能够有意识地改造自己错误的观念、行为，这会使你在做任何一件事时都与众不同。这个时候你会越来越像一个成功者，接着你会自然而然地认为自己与别人不一样，你觉得自己就应该多学、多看、多干，你就能迅速提升自己各方面的能力。

受到观念的禁锢，常让我们与成功无缘

很多时候我们不能改变潦倒的命运，确实是因为我们的观念已经把自己禁锢住了。因为观念受到了禁锢，所以不敢放手去做，因为不敢放手去做，所以与机会擦肩而过。人生中的很多悲情戏，都是这么产生的。

有一家人，他们在经过了几年的省吃俭用之后，积攒够了购买去往澳大利亚的下等舱船票的钱，他们打算到富足的澳大利亚去谋求发财的机会！

为了节省开支，妻子在上船之前准备了许多干粮，因为船要在海上航行十几天才能到达目的地。孩子们看到船上豪华餐厅的美食都忍不住向父母哀求，希望能够吃上一点，哪怕是残羹冷饭也行。

可是父母不希望被那些用餐的人看不起，就守住自己所在的下等舱门口，不让孩子们出去。于是，孩子们就只能和父母一样在整个旅途中都吃自己带的干粮。

其实父母和孩子一样渴望吃到美食，不过他们一想到自己空空的口袋就打消了这个念头。

旅途还有两天就要结束了，可是这家人带的干粮已经吃光了。实在被逼无奈，父亲只好去求服务员赏给他们一家人一些剩饭。听到父亲的哀求，服务员吃惊地说："为什么你们不到餐厅去用餐呢？"父亲回答说："我们根本没有钱。"

辑一 换一种思想 人生的高度，取决于你对人生的思考

"可是只要是船上的客人，都可以免费享用餐厅的所有食物呀！"听了服务员的回答，父亲大吃一惊，几乎要跳起来了。

如果说，他们肯在上船时问一问，也就不必一路上如此狼狈了。那么为何他们不去问问船上的就餐情况呢？显而易见，他们没有勇气，因为他们的观念里早就为自己设了一个限——我们很穷，没钱去豪华餐厅享用美食，于是他们错过了本应属于自己的待遇。

事实上，在生活中，我们因为受限于观念而错失良机的事情又何止这些？！当然，也许就算尝试了，你也不一定就会成功，但你连尝试的勇气都没有，那就只能一如既往地落魄和平庸。财富最青睐的，是那些既有想法又有行动的人。

今天的你可能很穷，你抱怨上天不给你成功的机会，感慨命运一直在捉弄你，其实机会可能就在你身边，只是因为你在观念里给自己设了限，你觉得自己只是平庸人，只能做平庸事，所以你把机会主动放弃了，而机会一旦溜走，就很难再重新拥有。这也是很多人一直生活在困厄之中的一大原因。

其实每个人成功的机会都是相等的，只不过那些有想法、具备胆识、勇于挑战的人比平常人更容易抓住罢了。你或许有过梦想，甚至有过机遇，有过行动，但你为什么还没能成功？因为你在观念里给自己设了限，你没勇气像富人一样地做事！

其实贫穷本身并不可怕，可怕的是贫穷的思想，以及认为自己注定贫穷，必将死于贫贱的错误观念。这着实是我们人生中绝大的谬误。所以，不要一面埋怨自己贫穷，一面却安于现状，你必须时时告诉自己："我想富有！我要富有！"同时身体力行，朝着现实可行的目标努力，唯有如此，我们才能真正摆脱贫穷。

这一辈子，一定要找一次出彩的机会

任何一个人的内心想法，都是一个构造独特的世界，蕴藏着极大的能量。它的爆发，既可以将你推入万丈深渊，也可以助你走向成功的彼岸。我们要想获取成就，就必须先有自己的思想。没有思想，意识处于混沌时期，连认识自己和看清别人都无法做到，更难对身边的状况作出良好回应。有自己的独特想法，确立正确的人生观念，随着时代的改变迅速调整自己的观念，我们才算找到转变人生的基础和起点。

一个人，只有观念领先了，才会有行动的领先，继而是成就的领先。

多年前，一个新生命在美国犹他州诞生，仿佛是天性使然，他从小就厌倦学校和教会带给自己的束缚，拒不接受传统思想。到了14岁，他忽然想去工作，可年龄又不够，于是他伪造洗礼证书，宣称自己满16岁，混进了一家罐头厂干起了倒污水的工作，又先后做过乳牛场伙计、搬运工、屠宰厂工人、农场农药喷洒工……

身边的亲人都说他太叛逆，将来很难成才，对他不抱什么希望。他27岁时，一家消费金融公司给了他一个正当工作的机会。可是他依然不安分，在他的影响下，几个平均年龄只有二十来岁的年轻人跟随他甩开膀子干，他们的努力产生了很好的效果，公司的业绩奇迹般高速增长，但公司思想保守的领导层最终还是容不下他。不到一年，他就被逐出了公司。后来他流浪到了西雅图市，偶然的机会进入一家金融集团干起了主持筹办消费者借贷业务的行当，日久天长，他不守规矩的本性又渐渐显露出来，在那个保守风气盛行的年代，他破除陈规，改革创新组织与管理的努力再一次流产了。

36岁那年，已是3个孩子父亲的他生活十分窘迫，走投无路的他不得已敲开了美国国家商业银行的门，当了一名实习生，所干的工作与勤杂工差不多，近40岁了还经常被各部门调来调去，任人差遣和使唤。

这样下层人的生活，他熬了16年，生性叛逆的个性让他吃尽了苦头，受尽了磨难，却没干成过任何一桩他想干的事。可是，倔强的他不断告诫自己，这一辈子一定要找到一次出彩的机会。

43岁时，在许多人对人生已不再抱出彩希望的时候，他赢得了生命中的一次转机。美国国家商业银行开发信用卡业务，他争取到了一个协助工作的角色，并以超越非传统的想法获得了银行高层的支持。带着30多年来一直对创新组织与管理的向往与实践，经过近两年的积极探索，他终于成功了。在当时没有互联网的条件下，他发展出一套"价值交换"的全球系统，并借此创建了一个组织——"VISA（维萨）国际"，以至于在以后的22年里，成为奥林匹克运动会的铁杆赞助商。如今维萨的营业额是沃尔玛的10倍，市场价值是通用电气的2倍，成了全球最大商业公司，世界上超过1/6的人口成为它的客户。他自然而然地被推上了维萨信用卡网络公司创始人的位置，后来又成为"混序联盟"的创始人及CEO。

他就是入选企业名人堂，并被美国颇具影响力的《金钱》杂志评为"过去25年间最能改变人们生活方式的八大人物"之一，他的名字叫——迪伊·霍克。

迪伊·霍克，这位几十年抱着信念挣扎在人生底层的超常思维大师，耗尽他大半生的时光，终于为他平凡的生命画出了一道世上最绚丽的弧，他独特的创业管理理念——"问题永远不在于如何使头脑里产生崭新的、创造性的思想，而在于淘汰旧观念。"让很多人受益匪浅。

　　要想改变我们的人生，首先就要改变我们心中的想法。只要想法是正确的，我们的世界就会是光明的。事实上，我们与那些成功者之间本身并无太大差别，真正的区别就在于观念：他们一直驾驭着观念，而我们则一直在被观念所驾驭。观念的正确与否，决定了谁是坐骑，谁是骑师。

Part3
拆除思维的墙，人生就有无限可能

虽然每个人对成功的定义不同，但每个人心里应该都有一个目标还未完成。为了实现这个目标，我们就需要努力，除了勤奋外，更需要正确的精神指引。改变思维方式就是让我们逐步找到一条正确的、省力的，甚至事半功倍的方法去实现目标。有些人一天能赚100块，有的人一天能赚100万，差距就在于思考的方式。

变化无穷的世界，需要变化无穷的思维

知变与应变是当代社会衡量一个人素质、能力高低的重要标准。人在做事时应该学会变通，放弃毫无意义的固守，如此才能将事情做得更好。

泰国曼谷市有一位名叫卢尔沙西的年轻人租了两间店面经营茶楼生意，茶楼不大，放了30张茶桌。

茶楼装修得十分高雅，茶师更是一些拥有非凡实力的专业人员。但是茶楼生意并不好，几个月下来简直到了入不敷出、举步维艰的地步。

员工善意地建议他把茶楼转让出去，另谋出路。

"不！我一定能有办法让茶楼起死回生！"卢尔沙西坚定地说。从那以后，他开始留意进店来的每一位顾客，希望能从顾客身上找到改变茶楼命运的启示。

一次，一位单人顾客边等人边喝茶，很是无聊。卢尔沙西走过去问："我能帮助您什么吗？"

"我想我需要一份报纸。"顾客想了一下说，"否则，我可能要离开了。"

"真对不起，我这里没有订阅报纸，不过，我上周末买的一份旧报纸还在吧台里放着，要看吗？"卢尔沙西有点儿不好意思地说。

"行，行。"那位顾客开心地回答。从卢尔沙西手中接过那份旧报纸后，这位顾客再也没有无聊的神情，更没有再提离开。

一份旧报纸留住一位顾客，也间接地留住了他的朋友，从而为茶楼创造了一个不可估量的消费团队。卢尔沙西的猜想没有错，第二天，这位要求看报纸的顾客便带了6个人过来喝茶。

这件事情给了卢尔沙西很大触动，他设想：如果每天都有更多信息更全面的报纸杂志准备着，会不会就能留住更多老顾客甚至培育更多新顾客呢？他立刻决定，在靠近茶楼进口附近抽掉5张桌子，利用这个空间办起一个小小的阅览室。

"老板，我们的利润是由茶桌创造的，抽掉茶桌，我们创造的利润就会减少……"不少员工提醒卢尔沙西，他们觉得卢尔沙西的想法简直荒唐。

"按正常的数学逻辑，你们的想法是对的，但从经营学角度考虑，我的想法未必错，$X-5$应该会大于等于X。"卢尔沙西坚定地说。几天后，一个订了大量金融、商贸、新闻、娱乐、文学等方面报纸和杂志的小小茶

辑一 换一种思想 人生的高度，取决于你对人生的思考

楼阅览室诞生了。

奇迹出现了，几乎所有客人都被这间阅览室吸引。

渐渐地，卢尔沙西的茶楼里有阅览室这个消息传了出去，来茶楼消费的顾客与日俱增，一个月下来，创下的营业额竟然比之前多出两倍。就这样，卢尔沙西的茶楼阅览室一直都在整个茶楼经营中起着至关重要的作用，也一直在为卢尔沙西创造着丰富的利润。1987年，卢尔沙西有了更大的经营目标，将茶楼高价转让出去后加盟了肯德基，在曼谷开设了泰国第一家肯德基快餐店。考虑到肯德基为大多数儿童所喜欢的特点，卢尔沙西同样采用了"$X-5 \geq X$"的经营策略，抽掉了5张餐桌，利用这5张餐桌的空间置备了一架滑梯和一只蹦蹦床，办起了一个小小的"儿童玩乐场"。让人难以置信的是，就因为抽掉5张桌子办一个玩乐场的方案，让他创下了亚太地区所有肯德基店面的月营业额新高。

现在，减去5张桌子办一个儿童玩乐场的做法几乎已经在全球所有的肯德基分店中得到了沿袭和推广，在一定程度上，"$X-5 \geq X$"已经成为了肯德基经营文化的一种象征。

那些杰出人士之所以能够成功，其中很重要的一个因素就是擅于变通。这里所说的变通实质上是一种弹性处理，这与"耍滑头"及没有原则是完全不同的。因事制宜，顺势而动，根据环境、配合需求，制定最佳策略，这才是弹性处理。分明已经是死胡同，还要硬着头皮往里闯，那就只能撞南墙。

很多人、很多事之所以会失败，就是因为没有遵循变通这一成功原则。大千世界变化无穷，生活在这种复杂的环境中，是刻舟求剑、按图索骥，还是举一反三、灵活机动，将直接决定你的生存状态。

在其他人都投资的地方投资，你不会成功

人们害怕冒风险所以更愿意跟随大多数人的意见。这可能是大部分人明哲保身的诀窍，中国还有那句老话"枪打出头鸟"，更从反面印证了不随大流的坏处。经济学里经常用"羊群效应"来描述个体的这种从众跟风心理。羊群是一种很散乱的组织，平时在一起也是盲目地左冲右撞，一旦有一只头羊动起来，其他的羊也会不假思索地一哄而上。中国的投资市场一直都存在着这种"羊群效应"——一个新兴事物，没有人投资的时候大家都不投资，因为心里不踏实，一旦有人出手了并赚了大钱，就一窝蜂地去跟随。

从投资角度来讲，这种从众心理非常不可取。因为"跟风"的结果，只能是永远慢一拍，往往是高投入，却收益甚少，因为大家都在做，市场已经接近饱和。更何况，还有些不良炒家利用各种手段设局炒作，有些盲从者往往会受到误导陷入骗局。

股神巴菲特对于这种现象给出了警告："在其他人都投了资的地方去投资，你是不会发财的！"这句话被称为"巴菲特定律"，是股神多年投资生涯后的经验结晶。从20世纪60年代以廉价收购了濒临破产的伯克希尔公司开始，巴菲特创造了一个又一个的投资神话。有人计算过，如果在1956年，你的父母给你1万美元，并要求你和巴菲特共同投资，你的资金会获得27000多倍的惊人回报，而同期的道琼斯工业股票平均价格指数仅

辑一　换一种思想　人生的高度，取决于你对人生的思考

仅上升了大约 11 倍。在美国，伯克希尔公司的净资产排名第五，位居时代华纳、花旗集团、美孚石油公司和维亚康姆公司之后。

能取得如此辉煌的成就，正是得益于他所总结出的那条"巴菲特定律"。很多投资人士的成功，其实都是因为通晓这个道理。

美国淘金热时期，淘金者的生活条件异常艰苦，其中最痛苦的莫过于饮水匮乏。众人一边寻找金矿，一边发着牢骚。一人说："谁能够让我喝上一壶凉水，我情愿给他一块金币"；另一人马上接道："谁能够让我痛痛快快喝一回，傻子才不给他两块金币呢。"更有人甚至提出："我愿意出三块金币！！"

在一片牢骚声中，一位年轻人发现了机遇：如果将水卖给这些人喝，能比挖金矿赚到更多的钱。于是，年轻人毅然结束了淘金生涯，他用挖金矿的铁锹去挖水渠，然后将水运到山谷，卖给那些口渴难耐的淘金者。一同淘金的伙伴纷纷对其加以嘲笑——"放着挖金子、发大财的事情不做，却去捡这种蝇头小利"。后来，大多数淘金者均"满怀希望而去，充满失望而归"，甚至流落异乡、挨饿受冻，有家不得归。但那位年轻人的境况则大不相同，他在很短的时间内，凭借这种"蝇头小利"发了大财。

记住，每一个商机出现时，能把握住商机赚到大钱的只是少部分人。不赚钱的永远是大部分人，你跟着这大部分亏钱的投资人，焉有挣钱之理？所以，投资一定要眼光独到，要有自己的方向和规划，要做最早发现商机并赚到大钱的那一少部分人。

就算胡思乱想，也胜过什么都不想

大多数创意，都是一个人在经历了几番胡思乱想以后迸发出来的灵感。这世上最有价值的是人的思维，是你想出的点子。不要怕自己的想法异想天开，不要怕别人说自己是胡思乱想，要知道，有时候，胡思乱想也能想出好点子。

胡思乱想是一种创新型的思维，世界巨富比尔·盖茨认为，可持续竞争的唯一优势来自超过竞争对手的创新力！创新力如何体现？那就是想出超出常规的好点子。只有创新思维，只有敢胡思乱想，才能解决生活中不断出现的新问题，才能产生领先别人一步的灵感。

众所周知，电脑键盘一般是用塑料制作的，不过，在江西有这样一个人，他居然要用竹子做键盘卖。身边的人都说他脑子出问题了，但最终，他真的做出了竹子键盘，并且每年都有数百万元的收入。

这个人叫冯绪泉，他的父亲是一名篾匠，所以冯绪泉小时候也学过这门手艺。师大毕业以后，冯绪泉当过一段时间老师，而后开始了将近十年的打工生活。最后，他和妻子来到深圳一家竹地板厂。

一天，同学张建军来找冯绪泉叙旧。当时张建军在深圳一家生产电脑配件的科技公司做研发员。聊着聊着，张建军开始向冯绪泉诉苦，说老板批评他开发设计的电脑键盘、音箱等没有新意。

张建军的话像一道闪电般照亮了冯绪泉的大脑，一个大胆的念头涌上

辑一 换一种思想 人生的高度，取决于你对人生的思考

心头：可不可以用竹子来做电脑键盘呢？这可绝对是前无古人的。

张建军听后认为这个想法很荒唐，在他看来，首先，竹子不可能做成键盘？就算做成了，这样的键盘也太笨重。可冯绪泉却把这事放在心里了。当天晚上，他就去买了个键盘，然后认真拆开，仔细研究键盘的原理。午夜梦醒，他又爬起来琢磨。

而后，他用了十几个晚上的时间制作出一个键盘框架。谁承想，这个辛苦做出的键盘框架根本不经摔，一不小心掉地上就碎成几块，冯绪泉反复实验了几次结果都是如此，这让他很受打击。

不过，"倔强"的冯绪泉并未就此放弃，几个月后，他作出一个惊人的决定：辞职回老家专门研究制作竹键盘！可是转眼半年过去，还是一点成果也没有。这个时候，家里已经捉襟见肘了，他不得不放弃竹键盘的研发，进了县城一家竹业公司打工。

谁想到机会就这样来了。这家公司的老板想把竹产业做大，号召全体员工群策群力，研发出附加值高的竹产品。冯绪泉的眼前一亮。

他把之前自己制作的一个竹键盘模型拿给了老板，老板看后颇有兴趣，当即让他牵头成立了一个研发小组，并保证在实验场地、机械设备、技术助手等方面给他提供足够的支持。

冯绪泉和他的助手们开始刻苦钻研，他们首先要解决的就是竹键盘的抗摔问题。功夫不负有心人，在经过9个月的不懈努力、摔坏1000多个竹键盘模型以后，他们终于研制成了稳固性和坚硬度都与塑料键盘不相上下的竹键盘。

接下来，他们给竹键盘安装了电子线路板，这样它就能和塑料键盘一样正常使用了。他还给这项技术申请了国家专利。这种竹键盘一上市即受到白领和学生的欢迎，随后便远销到国外。后来他们又开发出了竹鼠标、竹U盘、竹子做的电脑主机、显示器外壳。这项研发给冯绪泉带来了丰厚

的回报，仅仅一年多的时间，他的个人净资产就达到了 500 多万元，一家人的命运就此彻底改变！

　　这个点子无疑是非常与众不同的，然而无疑也是非常成功的。把那些别人想都想不到，或者说想都不敢想的事情，变成了实实在在的金钱，这不能不说是创新思维的空前胜利。

　　所以说，不要怕自己的胡思乱想。创造性思维是上天赋予人类最宝贵的财富，我们应该好好利用。不要墨守成规，其实，我们每个人的心中都关着一个等待被释放的思维精灵。把你的胡思乱想勇敢地发掘出来，让它成为伴你成功的灵感吧。

Part 4
提升自我，你先要认清你自己

人生是一个不可逆转与重复的过程，要提高自己的社会价值，使人生更有意义，就必须善于认识自己、设计自己、控制自己，使个人的发展与社会的进步相协调、相匹配。改变自我认知，就是要放弃过去那个自以为是的自己，真切地明白自己该做什么以及能做什么。

做事之前，先清楚自己适合什么

如果你连自己都认不清，又怎么能够认清这个世界？你认不清这个世界，还说什么出人头地？

事实上这个世界上看不清自己的人有很多，有些人看不清自己是因为太自恋，就像我们之中的一些人，总是觉得自己万般皆好，真是怎么看怎么顺眼，亦如唐人郑谷所说的那样——"举世何人肯自知，须逢精鉴定妍媸。若教嫫母临明镜，也道不劳红粉施。"嫫母是谁大家想必知道，黄帝的妻子，贤良淑德，但其相貌确实不敢恭维，郑谷以此为喻，倒是将世人的自恋姿态描绘得淋漓尽致。在古典名著《西游记》中也有这样一段，老猪去会自己的情人，曾自言道："今日赴佳期去，对着月色，照着水影，是一表好人物。"这样看来，老猪还是有点自知之明的，"对着月色，照着水影"，一片朦胧，若不细看他倒也是"一表好人物"。不过，这若是换在光天化日之下，对着水棱明镜，想必老猪也是知道害羞的吧。

倒是生活中有些人物，或许比老猪还不如，他们什么样呢？——自以为是、自以为明，自骄自满……听到些许夸赞，便以为自己完美无缺；有了些许成绩，便以为自己无所不能；有点声名地位，便开始目中无人……不可否认，这样的人的确存在，而且绝不是少数，不管你现在是否到了这种地步，至少，我们应该在心里给自己拉响一个警钟，别让自己那么飘飘然不知所以。

有些人看不清自己则是因为太自卑，总觉得自己一无是处，你给他机会，他不敢接手，你拉他一步，他后退两步，活脱脱扶不起的阿斗。

显而易见，无论是自恋还是自卑，这样的人都不足以获得成功，因为个人的特质对于成功来说非常重要，梦想不能凭空捏造，你必须根据自己的"材质"有的放矢，你是金刚钻，就做瓷器活，你有一张巧嘴，就去做媒婆。最重要的是你要知道自己适合什么。

一个人，有所擅长也必然会有所缺失，没有谁能够十全十美、无所不能，最要紧的是你要有勇气去审视自己的优缺点，对缺点不要百般遮掩，那对你本人没有任何好处，你要么改正它，要么用长处去弥补它。当然更重要的是，你要知道自己的优点是什么，你是擅长形象思维，还是擅长抽象思维？那么就要根据这些条件去选择自己擅长做的事情，很多成功人士的经验和社会发展的大趋势告诉我们：要想实现梦想，就要把自身的优势不断扩大，这样自身的才能就会越积越多，最后成功的概率也就更高。所以希望大家能够放心大胆地去经营自己的"材料"，这会让你在成功的路上走得轻松许多。

梦想若与实际不符，到头来只能是空忙一场

天上的星星固然美丽，但如果我们想要把它摘下来，这显然是不现实的。制定成功的目标，不能虚空想象，也不能好大喜功，不要把某种不切实际的欲望当成要付诸行动的目标。否则，你只会徒劳无功。

看过一篇报道：一个 15 岁的少年为了实现自己当歌星的"梦"，以割腕自杀为要挟逼迫父母拿钱出来送他去北京学音乐，继而离家出走，最后流落到收容站，彻底中断了学业。

有位邻居，四十几岁的模样，每天日出而歌，日落而息。与那个少年一样，多年以来他的心里始终藏着一个美丽的音乐梦，不同的是，这一路走来，他将自己的梦想融入到了平凡的生活中，在他洗漱完毕高歌那首《我的太阳》时，在他心里自己俨然就是帕瓦罗蒂。而少年，却已被自己的"梦想"所戕害。

还有一处很大的不同：中年男人的音乐梦只是为歌而歌；而少年，恐怕他的梦想并不在于艺术，而是明星身上那令人炫目的光环、粉丝那山呼海啸的呐喊，以及随之而来的无边名利。

所幸，少年还只是少年，还有机会从黄粱梦中醒来，而又有多少人迷失已久，待迷途知返时，才知道，积重已然难返。

诚然，人往高处走，水往低处流，每个人都希望自己能迅速到达成功的最高峰，这是人之常情，无可厚非。可是理想再高远，如果不是踏踏实

实、一步一个脚印地往前迈，那这个理想再美好，也不过是海市蜃楼，只能空想罢了。

从哲学的角度上说，梦想未必需要伟大，更与名利无关。它应该是心灵寄托的一种美好，人们从中能够得到的，不只是形式上的愉悦，更是灵魂上的满足。

还记得多年前央视曾报道过一个陕北女人的故事。那个30岁的女人很小时就梦想着能够走出大山，像电视中那些职业女子一样去生活。可彼时的她，有疾病缠身的老公要照顾，有咿呀学语的孩子要抚养，这个家需要她来支撑。走出大山的梦，对于一个文化程度不高、家庭负担沉重的山里女人来说，不仅遥不可及，而且也不现实。

十年之后的这个女人，满脸都是骄傲和满足。不过，她并没有走出大山，而是在离村子几十公里的县城做了一名销售员。成为都市白领的梦想，恐怕这一生都无法实现了，但取而代之的却是更贴近生活、更具现实感的圆梦的风景——她终于看到了山外的风景，也终于有了自强自立的平台。

很多时候，我们无法改变所处的客观环境，但可以改变自己，可以变通自己的思维方式和价值观念。只有敢于改变自己，不断接受新的挑战的人，才能从一个成功走向另一个成功，从一个辉煌走向另一个辉煌。有时候，一个人纵然有浩然气魄，却脱离了生活的实际，那么他的梦想也不过就是美梦一场。

梦想就像那高高飞起的风筝，你可以把它放得很高，但不要让它脱离你的掌控，有时还要尽可能地拉回奢望的线，让梦想接点地气，具有踏踏实实的烟火感。这样的人生才更具有生气和活力，这样的梦想才能得到实现的机遇。

如果在错的地方努力，永远得不到对的结果

做任何事情，先要了解自己在哪里能实现最大价值，然后再走进那个领域，去实现这种价值。这样才更有可能与机会不期而遇。

由于受时间资源的限制，人生有限的时间内只能在特定的行业中谋求成功。在选择行业的时候，一定要理解特定的行业对人生的意义，自己可能在特定行业中出任的职务，以及在行业中是否会有所发展。所有的职业无所谓好坏，关键看是否适合自己。

我们必须知道，人的智能发展总是不平衡的，如果执意在"贫瘠的土地"上耗费精力，就会荒废"肥沃的田野"。

我们每个人都有自己特有的天赋与专长，从某种意义来讲，我们每一个人都可以称为"天才"。但是往往只有极少数人能够发现自己的天赋，并且把它充分发挥出来，最后他们才获得了真正的成功，也自然而然成为真正的天才。

可是，对于我们大多数人来言，直到白发苍苍也没有发现自己真正适合去做些什么事情。不难想象，每一天，不知道有多少天才带着他们终生的遗憾离开了人间。

在希腊圣城德尔斐神殿上镌刻着一句著名箴言"认识你自己"。因为当我们认识了自己，也就会认识世界，而且认识自己远远超过认识世界。而我们要想成就一番事业就必须对自己有一个正确的认识，这是最起码的

要求。

　　那么我们究竟最擅长做什么呢？这其实与每个人的性格、脾气、才情禀赋都有着直接的关系。我们只要平时留心观察，就不难从自己的生活和工作中找到一丝蛛丝马迹，进而找到自己最得心应手的事情。

　　例如，我们可能解不出一道非常普通的数学题，或者是记不住一个简单的英文单词，但是也许我们在处理事务方面有着知人善任、排忧解难，以及高超的组织能力，这就是一个人擅长做的事情。

　　发现自己的长处，对于我们选择什么样的道路，选择做什么样的事情具有重要的意义。而且这还可以避免我们盲目地进入一个自己并不适合、并不擅长的领域，或者可以说让我们避免不要在一个不具备任何优势的位置上浪费太多的时间。

辑二　换一种心态
生活的面貌，取决于你凝视它的目光

人与人的智商本无太大区别，真正的区别在于心态，心态决定谁是坐骑，谁是骑师。改变你的心态，也就改变了你看世界的角度，而当你改变看问题的角度时，即使遇到世界上最倒霉、最不幸的事，也不会成为世界上最倒霉、最不幸的人。

Part 1
任何一种处境，都受到我们对待处境的态度的影响

你怎么对待生活，生活就会怎样对待你，如果你总是抱怨环境对你不公正，抱怨你的苦恼，那么你每抱怨一次，就会失去一次快乐的机会。命运对任何人都是公平的，谁都不可能真的一帆风顺，都会碰到各种难题，经历种种坎坷，有些人倒下了，可有些人仍坚定地站着，这就是成功者和失败者的区别。

心态好才能幸福，聪明人未必只做聪明事

一个具有高智商的人未必就能完全掌控自己的命运，没有良好的心态做辅助，智商再高的人也只会受到生活的嘲弄。

这是一个真实的故事。

随着经济改革大潮的冲击，山城有一家纺织厂因经济效益不好，决定让一批人下岗。在这一批下岗人员里有两位女性，她们都40岁左右，一位是大学毕业生，工厂的工程师，另一位则是普通女工。就智商而论，这

辑二 换一种心态 生活的面貌，取决于你凝视它的目光

位工程师的智商无疑超过了那位普通工人，然而，在下岗这件事上，她们的心态却大不一样，而正是这种不同的心态决定了她们以后不同的命运。

女工程师下岗了！这成了全厂的一个热门话题，人们议论着、嘀咕着。女工程师对人生的这一变化深怀怨恨。她愤怒过、骂过，也吵过，但都无济于事。因为下岗人员的数目还在不断增加，别的工程师也下岗了。尽管如此，她的心里不平衡，始终觉得下岗是一件丢人的事。她整天都闷闷不乐地待在家里，不愿出门见人，更没想到要重新开始自己的人生，孤独而忧郁的心态抑制了她的一切，包括她的智商。她本来就血压高，身体弱，再加上下岗的打击，没过多久，她就被忧郁的心态打败，孤寂地离开了人世。

而那位普通女工的心态却大不一样，她很快就从下岗的阴影里解脱了出来。她想别人下岗能生活下去，自己也能生活下去。她平心静气地接受了现实，并在亲戚朋友的支持下开起了一个小小的火锅店。由于她经营有方，火锅店生意十分红火，仅一年多，她就还清了借款。现在，她的火锅店的规模已扩大了几倍，成了山城里小有名气的餐馆，她自己也过上了比在工厂时更好的生活。

一个是智商高的工程师，一个是智商一般的普通女工，她们都曾面临着同样的困境——下岗，但为什么她们的命运却迥然不同呢？原因就在于她们各自的心态不同。

女工程师的心态始终处在忧郁之中，这样的心态使得她对自己的人生不可能作出一个理智的评价，更不可能重新扬起生活的风帆。她完完全全沉溺在自己的不幸之中。一个人一旦拥有了这样的心态，其智商就犹如明亮的镜子蒙上了一层厚厚的灰尘，根本就不可能映照万物。所以，尽管女工程师的智商高，但在面对生活的变化时，她的心态却阻碍了智商的发挥。不仅如此，她的心态还把她引向了毁灭，另一位普通女工的智商虽然

一般，但她平和的心态不仅使自己的智商得到了淋漓尽致地发挥，而且还使其以后的生活更加幸福。

心态是横在人生之路上的双向门，人们可以把它转到一边，进入成功；也可以把它转到另一边，进入失败。

心态上的偏离，常会导致行为上的出轨

人的行为常常由心态来决定。好心态决定正确的行为，坏心态决定错误的行为。

西方有一个古老的故事——一位住在海滨的哲学家，一天突然产生了这样一个想法，他想横渡大海，去海的对岸看一看。他是一位逻辑学家，经过冷静思考，他理智地归纳出了这次航海可能遭遇的不同问题，结果发现他不应当去的理由比应当去的理由更多：他可能会晕船；船很小，风暴也可能危及他的生命；海盗的快艇正在海上等待着捕获商船，如果他的船被他们劫住了，他们就会拿走他的东西，并把他当奴隶卖掉。这些理由和判断表明他不应该做这次旅行。

然而，这位哲学家还是做了这次旅行。为什么呢？因为他的想法已变成了一种心态在左右着他的行为。心态不断地对他的理智说："朋友，这件事在推理上虽有些令人生畏，但情况也许并不像你想象的那样坏。你常常都是一个幸运儿，这次也不例外。"心态的力量牢牢地控制住了这位哲学家，以至于后来，他觉得如果不进行这次航海，他就会坐立不安，甚至

可以说，会成为他人生的一大遗憾。于是他扬帆起航了。但结果正如他的理智所判断的那样，他成了海盗们的战利品。

这个悲剧故事生动地说明了一件事：行为跟着心态走！

成功需要勇气和信心，它有助于我们去处理面对的困难和挑战，调动起我们的一切能力。然而，当我们对某件事作出决定时，心态就一定要平和宁静。此时我们不需要勇气和信心，也不需要所谓的积极心态和消极心态，而只需要把心态调整到一种恰当的状态。这是一种什么样的状态呢？就是一种心平气和、不急不躁的和谐状态——既不自卑也不自信，既不犹豫也不冒进，既不积极也不消极；只有在这种心态之下，我们才能敏锐地观察出客观问题的特点，才能准确地判断出事情的变化，才能够真正地做出正确的决策。

但是，如果我们的心态调整不到这一状态，我们对外界形势的判断就会受主观心态的影响，就不能够做到客观的判断，结果就会给自己造成极大的损失。

有一位司机，干活任劳任怨，为人也挺仗义，是一个不错的小伙子，但就是心态不好，太急躁，开起车来左窜右窜，非常快。到公司不久，同事便发现了他这一特点。对他说："你的心太急，要多注意一点，否则要出事。"果不其然，没过多久，他开车追尾了。刚开始，他怀疑刹车系统有问题。于是，他到修理厂将刹车系统彻底检查了一遍，结果是毫无问题。其实，这并不是车的问题，而是他心态的问题，他急躁的心态影响了他对车速和车距的判断。由于这小伙子除了这一毛病之外，实在不错，领导就把他请到办公室谈了谈心，并告诉他心态影响了他的认识和判断，希望他能调整自己的心态。

然而，这次追尾过去整整一个月后，他又一次追尾了，情况比上一次还要严重。领导哭笑不得，他也十分内疚，说他控制不了自己的心态，并主动从公司辞了职。

当我们的人生遇到大的转折时，我们就更应该控制好自己的心态，否则，就会对客观情况的变化视而不见、听而不闻，就会抓不住问题的症结所在，就会把内心的愿望误认为是客观的现实。如此一来，我们就不能真正地去审时度势，就会对情况做出错误的判断，采取错误的行为，导致我们的人生陷入更大的困境中。

拥有好心态，才能无惧困难和挑战

心态与前途密切相关，一个人只有拥有良好的心态才能无惧生活中的困难和挑战，始终坚定地为自己的理想而努力，也只有这样的人才能拥有美好的前途。

在一个小县城里，有姐弟俩非常聪明，他们上小学时，因为学习刻苦，所以，他们在班里一向都是好学生。但天有不测风云，他们还没有等到小学毕业，父母之间就出现了感情危机。姐弟俩经常被吓得不敢回家。后来，父母离婚了，姐弟俩都被判给了父亲。不久，父亲就领回了一个女人。自从那个女人进门，姐弟俩经常被呼来喝去，有时甚至吃不上饭。有一次，后娘让弟弟倒脏水，姐姐看弟弟拎不动水桶就想去帮忙，后娘上去就是一巴掌，把姐姐打倒在地。吃饭时，后娘经常在菜里放很多辣椒，辣得姐弟俩直流眼泪。有一次，天气很冷，姐弟俩放学后一直等到天黑都进不了家门。邻居实在看不下去了，让他俩先到屋里暖和一下，可姐弟俩说

辑二 换一种心态 生活的面貌，取决于你凝视它的目光

什么都不敢去。就是在这种环境下，姐姐学会了和后娘作对，学习成绩也慢慢地滑了下来，大学没考上，只好当了一名工人。而弟弟却一直没有放弃自己的学业，有一次，父亲把一个橘子放在他的桌子上，他都没有看见，过了很久父亲偶尔进了他的房间才发现那个橘子已经腐烂了。从小学到高中，他的成绩一直都没有下到过第三名，并且一直都是班干部，在班里的人缘也一直很好。高中毕业后他以优异的成绩考入大连舰艇学院，并被保送研究生。读大学期间，他用自己挣来的钱供养生母，还时常寄一些补品给后娘。

同样是一个父母所生，同样生活在家庭不幸的阴影里，姐姐的前途被毁了，弟弟却前途一片光明。原因在哪儿？就在心态。姐姐在困境中，心态变得脆弱而易怒，弟弟却能隐忍，始终以一个目标为奋斗方向，把其他的一切都抛在脑后，并且随着年龄的增长，学会了宽容和谅解。

你的胸怀有多大，你的前途就有多大。做人，要有一种隐忍、宽容和不断进取的心态，否则你的前途就将毁在自己手里。

心态上的消极因素占主导地位时，会给一个人的行动造成很大的影响！做任何事都不能太情绪化，特别是年轻人，因为年轻气盛，许多人都容易暴躁而难以自制。但人在年轻的时候正是可以大有作为、前途一片光明的时候，如果你不能很好把握自己的心态，光明的前途就将与你无缘。

Part 2
默认自己无能，无疑是给失败制造机会

世界上没有什么比我们的信念更加强大有力了。这些信念就是我们来聚焦这个世界的镜头。如果我们觉得自己不具备这个能力，那大脑就会找到证据来证明这个想法。如果我们觉得自己有能力达到它，那同样地，我们的大脑也会自动地锁定一些证据来支持这个想法。

有尊严地活着，成就生命的价值

有些人活着，他已经死了，有些人死了，他还活着，生命的意义不在于你在这个世界上停留多久，而是要看你在有限的时间内为这个世界、为自己创造了多少价值。

我们活着，可以有两种活法：一种像草，尽管活着，尽管每年还在成长，但毕竟就是棵草，吸收了阳光雨露，却一直长不大。谁都可以踩你，但他们不会因为你的痛苦而产生痛苦；他们不会因为你被踩了，而怜悯

辑二　换一种心态　生活的面貌，取决于你凝视它的目光

你，因为人们本身就没有看到你；另一种活法像树，即便我们现在什么都不是，但只要你有树的种子，即使你被踩到泥土中，你依然能够吸收泥土的养分，自己成长起来。当你长成参天大树以后，遥远的地方，人们就能看到你；走近你，你能给人一片绿色。活着是美丽的风景，死了依然是栋梁之材，活着死了都有用。这才是我们做人和成长的标准。

既然活着就得活出个样子，不光是为了自己，也是为了给别人看的。人，可以被剥夺很多东西，甚至是生命，但谁也不能剥夺你的尊严，更无法剥夺你的自由——不管在什么情况下，你都可以选择自己的态度和方式。

谭盾当年远赴哥伦比亚求学时，境况很不好，他那时真的很穷。来到异国他乡，为了生存下去，谭盾只能靠卖艺维持生计。在那个时候，他结识了一位黑人琴师，两个人同心协力占据一块地盘——一家商业银行的门口。

赚到一些钱以后，谭盾决定离开黑人琴师，投向自己向往已久的艺术殿堂——哥伦比亚大学。在这里，他师从大卫·多夫斯基以及周文中先生，潜心学习音乐。身在学府，当然不能像街头时那样卖艺赚钱，谭盾的生活逐渐拮据起来。然而，他再也没有回到市井之中，因为他的心已经超越了物质，融入了艺术。

后来，在师友的帮助下，谭盾在美国成功举办了个人作品音乐会，成为第一位在美国举办个人音乐会的中国音乐家；第二年，他以一曲《九歌》闯入国际音乐殿堂，并不断推陈出新，凭借令人赞叹的音乐作品，逐步奠定了自己"国际著名作曲家"的地位。

谭盾成名以后，一次，他偶然路过自己曾经卖艺的地方，竟发现那位黑人琴师依然还在！转眼间10年了，黑人琴师的脸上还是写满了满足。谭盾走上前去和他交谈起来，琴师问起谭盾现在的工作地点，他简单回

答了一家非常有名的音乐厅，没想到对方却说："那个地方也不错，能赚到不少钱。"黑人琴师怎么会知道，如今的谭盾早已成了享誉全球的大作曲家。

你内在的动力，决定你生命的成色。黑人琴师之所以一直没能改变生活的境况，之所以只能在社会舞台上扮演无足轻重的微小角色，就因为他和那些懒惰闲散的人、好逸恶劳的人、平庸无奇的人一样，缺乏内在的动力。

我们的人生应该像河流一样，虽然生命曲线各不相同，但每一条河流都有自己的梦想——那就是奔腾入海。只是很多人不做河流，反而去做那泥沙，让自己慢慢地沉淀下去。是的，沉淀下去，或许你就不用再为前进而努力了，但是从此以后你却再也不见天日。

所以，不论你现在的生命怎样，你一定要要求自己活出个样子，要有水的精神，像水一样不断地积蓄自己的力量，不断地冲破障碍。当你发现时机不到时，就把自己的厚度给积累起来，当有一天时机到来，你就能够奔腾入海，成就自己的生命。

你能不能活出个样子，是给别人看的，更是给自己看的，而恰恰，给自己看的这一部分才最真实。你只有自己觉得活得有价值，活得够幸福，那才是真正的幸福。

没有脱离困厄的愿望，就不会有飞黄腾达的景象

为什么失意的人越发失意，为什么穷苦的人越发贫穷？因为失意的人总是不断去触碰心中的创伤，越碰越痛，而穷苦的人安于贫穷，无意改变，于是越来越穷。

据说法国有一位年轻人，一开始很穷，很苦。后来，他以推销装饰肖像画起家，在不到十年的时间里，迅速跻身为法国50大富翁之列，成为一位年轻的媒体大亨。不幸，他因患上前列腺癌，不幸离世。他去世后，法国一家报纸刊登了他的一份遗嘱。在这份遗嘱里，他说：我曾经是一个普通人，在跨入天堂的门槛之前，我把自己成功的秘诀留下。谁若能通过回答人成功最缺少的是什么，而猜中我成功的秘诀，他将能得到我的祝贺。我留在银行私人保险箱内的100万法郎，将作为揭开谜底的人的奖金。也是我在天堂，给予他的欢呼与掌声。

遗嘱刊出之后，有48561个人寄来了自己的答案。这些答案五花八门。绝大部分人认为，最缺少的当然是金钱了。有了钱，就是成功。另有一部分人认为，最缺少的是机会。又有一部分人认为，最缺少的是技能，一无所长，所以才不会成功。有一技之长，才能迅速致富。在这位富翁逝世周年纪念日。他的律师和代理人，在公正部门的监督下，打开了银行内的私人保险箱。公开了他成功的秘诀。在所有的答案中，只有一位年仅9岁的女孩，猜对了。

女孩的答案是：人最缺少的是成功的"野心"。为什么只有这位 9 岁的女孩想到人最缺少的是野心？她在接受 100 万法郎的颁奖之日，她说："每次，我姐姐把她 11 岁的男朋友带回家时，总是警告我说不要有野心！不要有野心！于是我想，也许野心可以让人得到自己想得到的东西。"

谜底揭开之后，震动法国，并波及英美。一些新贵、富翁在就此话题谈论时，均毫不掩饰地承认——"野心"是永恒的特效药，是所有奇迹的萌发点，人之所以不能致富，大多是因为他们有一种无可救药的弱点，也就是缺乏成功的野心。

长久以来，我们一直以为自己之所以不成功，缺的就是财力和物力，但事实上我们真正缺少的是野心——成功的野心。为什么这样说呢？完全是因为我们现在的思想还停留在安于现状、只求一时满足的状态上，我们并没有着眼于未来，骨子里更没有成功的野心。或许我们在睡着的时候也曾做过成功梦，但完全是两回事，我们很多人也就只是做做梦，没有把这个梦当成一种志向，没有切实的行动，所以梦还是梦，现实的情况还是没有改观。

所以，如果说你出身贫寒，长相寒酸，五音不全，那么也不要认命，因为你一旦认命，没有了脱离困厄的强烈愿望，那么你的一生将注定了与成功无缘。其实，只要你认为自己能够成功，你就能找到成功的东西，即使是精神上的，你也会觉得非常幸福。

辑二　换一种心态　生活的面貌，取决于你凝视它的目光

如果内心不阳刚，生命怎么能坚强

你可能觉得自己目前的状况很糟糕，但其实最糟糕的往往不是贫困，不是厄运，而是精神和心境处于一种毫无激情的疲惫状态：那些曾经感动过你的一切，已经无法再令你心动；那些曾经吸引过你的一切，同样美丽不再；甚至那些曾经让你愤怒的、仇恨的、发狠要改变的，都已无法在你心中撩起波澜。这时，你需要为自己寻找另一片风景。

一个人，如果一直无法走出心中的阴霾，那么他的世界必然一片漆黑；假如他能够改变心态，那么他的世界也会随之改变。只是我们在遭遇人生低谷之时，总是习惯性地向现实妥协，嘴里碎碎叨叨地埋怨着命运，微博上的更新不外乎"命运是多么残酷""人情是何等淡泊""穷途末路却无人扶助"等——那些欲博同情却只能换来鄙夷的痛苦呻吟，而我们却一直没有意识到，并不是这个世界放弃了谁，事实上只有我们自己才有放弃自己的权利。你的心态萎靡了，你的人生也就萎靡了。

拉马尔·奥多姆，一个被公认的天才篮球运动员，他拥有打前锋的身高，也具备后卫球员的细腻技术，是真正可以打五个位置的球员，被誉为"左手魔术师"。他曾与德怀恩·韦德一起被视为热火中兴的中坚力量，也曾追随科比·布莱恩特两度捧起 NBA 总冠军奖杯，为湖人队夺冠立下了汗马功劳。

高中时的奥多姆就颇有名气，是纽约著名球员，不少大学都向他伸出

了橄榄枝，其中包括肯塔基、UNLV、康大、密歇根、堪萨斯和 UCLA 等盛产明星的著名学府。在大学的处子战中，奥多姆几乎打出三双，贡献 19 分、14 个篮板和 9 次助攻，并在终场前 5.4 秒投中了制胜一球。在前八场比赛中，他的得分、篮板和助攻都居全队之首。那个赛季结束后，奥多姆平均每场得了 17.6 分、9.4 个篮板和 3.8 次助攻，进入"全大西洋区"第一阵容，成为最佳新秀。

1999 年的选秀大会上，奥多姆在首轮第四顺位被快船队选中。职业生涯首个赛季，奥多姆代表快船出征 76 场，场均得到 16.6 分、7.8 个篮板和 4.2 次助攻，凭借全能表现他也入选最佳新秀阵容第一队。职业生涯首个赛季，奥多姆便展现出全能潜质。

2003~2004 赛季，奥多姆以自由球员的身份加盟热火，与前一年的新秀卡隆·巴特勒，队中的明星球员埃迪·琼斯以及新秀德怀恩·韦德等带领球队打出 42 胜 40 负的佳绩，并打进久违两年的季后赛。奥多姆代表热火出战 80 场，场均拿到 17.1 分、9.7 个篮板和 4.1 次助攻。

2008~2009 赛季，奥多姆在湖人先发中锋拜纳姆状态不佳的情况下挺身而出，以场均 12 分 9.5 个篮板的数据名列湖人得分榜的第三位和篮板榜的第二位，为湖人队夺取总冠军立下了汗马功劳。

2009~2010 赛季，全能的奥多姆不仅可以扮演组织前锋，也为科比提供了充足的火力支援，总决赛湖人经过七场大战挑落凯尔特人，奥多姆功不可没。

2010~2011 赛季，奥多姆以场均得到 14.4 分、8.7 个篮板和 3 次助攻的全能表现，荣膺为赛季最佳第六人，达到了职业生涯的巅峰。这个时候的奥多姆爱情事业双丰收，人生春风得意。

然而，奥多姆生命中的一切光彩却又在不久之后毫无征兆地黯然熄灭。

辑二　换一种心态　生活的面貌，取决于你凝视它的目光

2011年12月，奥多姆被湖人队通过交易送至小牛队。在他看来，自己是被球队抛弃了，内心脆弱而敏感的他放弃了对篮球的热情，他说："打球越来越像工作，只是工作。"从此，奥多姆的篮球职业生涯就开始一落千丈，无论在小牛还是快船，都未能打出昔日全能战士的风采。他开始走向了堕落，吸毒、嫖娼，陷入离婚绯闻，生活中麻烦不断。

2015年10月13日（当地时间）下午，奥多姆在内华达州水晶区服药后不省人事而后住院，怀疑因滥用药品纵欲过度。

身为NBA昔日最佳第六人以及湖人总冠军成员，奥多姆本有着辉煌的职业生涯，但他最终却倒在一所妓院里，在为他祈祷的同时，许多人也好奇，他是怎样一步步走向堕落的？

奥多姆是在单亲家庭中长大的，他的父亲是个残疾军人，在他还很小的时候，就从他生命中消失了。12岁时，对他疼爱有加的妈妈因为结肠癌去世。2004年，抚养他长大的祖母离世。仅时隔两年，他刚刚7个月大的儿子猝死。2011年，奥多姆年仅24岁的表弟被人枪杀，他的心情当时低落到了极点。同年12月，奥多姆离开了生涯中最依恋的湖人队，开始破罐破摔。

球场失意，情场同样悲催。奥多姆和科勒·卡戴珊之间的婚姻在2013年开始破裂，最终分开。2015年，奥多姆最好的朋友杰米不幸离世，一周后，他的另外一位朋友海瓦德也因为吸食毒品过量去世。奥多姆被接二连三的噩耗彻底击垮。

在奥多姆病重的消息传出后，不少人将矛头指向了他的前妻科勒·卡戴珊及其所在的卡戴珊家族。但实际上在奥多姆之前，篮网球星亨弗里斯在与金·卡戴珊的婚姻闹剧后，不过是留下了一身提及卡戴珊就骂骂咧咧的毛病。

奥多姆的堕落，归根结底还是跟他脆弱敏感的内心有关。诚然，如此

境地的奥多姆和他这三十几年的遭遇不无关系，但这是根源吗？如果自己有心堕落，就算周边的人时时刻刻围着你，其实也是徒劳。从奥多姆放弃积极正面心态的那一刻起，他就已经输掉了自己的一生。

　　类似的情况在我们很多人身上都有过发生，很多人就像奥多姆一样，不是被挫折打败，而是让自己毁于心态。其实从根本上决定我们生命质量的并不是金钱、权力、家世，甚至不是知识、学历，也不是能力，而就是心态！一个健全的心态比一百种智慧更有力量。一个且歌且行，朝着自己目标永远前进的人，整个世界都会给他让路。

　　所以说，要想改变糟糕的人生，首先就要改变我们的心态。只要心态是正确的，我们的世界就会是光明的。事实上，我们与那些成功者之间本身并无太大差别，真正的区别就在于心态：前者的心中一直想着驾驭生命，而我们则一直在被生命所驾驭。

Part3
比危机更可怕的，是人的心态危机

当我们遭遇困境的时候，如果我们过去的人生经验和支持不足以帮我们应付这些困难和压力，就会产生暂时的心理骚乱，这种暂时的情绪失衡状态，就是人们常说的心理危机。心理危机是在不知不觉中形成的，你可能并不清楚地知道正在发生什么，等到情况变得日益严重时，才感到自己被困住了。

能让你萎靡不振的，只有你的心

没人喜欢危机，但危机无处不在。人在成长过程中难免遇到各种风浪、起伏与挫折，在各种各样内外部因素的交错之下，危机的种子就此发芽、生长。

面对危机，不要怨天尤人，不要试图躲避，即使一不留神你就快要破产；哪怕一不留心家庭破碎了；纵使一不理性悲剧发生了……我们的生活还得继续，人生原本就是这样，要爬过一座座山，迈过一道道的坎儿，拐过一道道弯,假如我们的心没有了能量、翻不过山、迈不过坎儿、转不过弯,那么就会陷入危机挖给人生的枯井,再也跳不出来。

那是你精神上的枯井,没有人能够帮你。

有一头倔强的驴,有一天,这头驴一不小心掉进一口枯井里,无论如何也爬不上来。他的主人很着急,用尽各种方法去救它,可是都失败了。十多个小时过去了,他的主人束手无策,驴则在井里痛苦地哀号着。最后,主人决定放弃救援。

不过驴主人觉得这口井得填起来,以免日后再有其他动物甚至是人发生类似危险。于是,他请来左邻右舍,让大家帮忙把井中的驴子埋了,也正好可以解除驴的痛苦。于是大家开始动手将泥土铲进枯井中。这头驴似乎意识到了接下来要发生的事情,它开始大声悲鸣,不过,很快地,它就平静了下来。驴主人听不到声音,感觉很奇怪,他探头向下看去,井中的景象把他和他的老伙伴都惊呆了——那头驴子正将落在它身上的泥土抖落一旁,然后站到泥土上面升高自己。就这样,填坑运动继续进行着,泥土越堆越高,这头驴很快升到了井口,只见它用力一跳,就落到了地面上,在大家赞许的目光下,高兴地跑去找它的驴妹妹去了。

如果你陷入精神的枯井中,就会有各种各样的"泥土"倾倒在你身上,假如你不能将它们抖落并踩在脚底,你将面临被活埋的境地。不要在危机中哀号,就像参加自己的葬礼一样,如果你还想绝处逢生,就要想方设法让自己从"枯井"中升出来,让那些倒在我们身上的泥土成为成功的垫脚石,而不是我们的坟墓。

危机,并不意味着绝境,更何况还能"置之死地而后生"。是生是死,一切都决定于我们自己,如果能直面人生的惨淡,敢于正视鲜血的淋漓,追求理想一往无前,所有的一切都不过是一场挫折游戏。

不要习惯性地将自己的不幸归责于外界因素,不管外部的环境如何,

辑二　换一种心态　生活的面貌，取决于你凝视它的目光

怎么活——那还是取决于你自己。不要总是像祥林嫂一样反复地问自己那个无聊的问题："怎么会，为什么……"这样的自怨自艾就是在给自己的伤口撒盐，它非但帮不了你，反而会让自己觉得命运非常悲惨，那种沉浸在痛苦中的自我怜悯，对你没有任何好处。

人不能陷在危机的枯井中无法自拔，哪怕就只剩一成跳出去的可能，我们也要奋力一跃。或许就那么一跃，我们就可以逃出生天。记住，危机杀不了你，能让你半死不活的，只有你的心。

闭上眼睛是危险，抬起头来是契机

危机总是突如其来，有人为它烦恼，有人为它哭泣，也有人为它改变。正确对待危机，我们将离成功更近一步；消极地对待危机，我们将会被危机困住，最终走向失败。

一个由7名探险家组成的团队在崇山峻岭中穿行，他们经过一座险恶的石山下时，山体发生崩裂，十几块巨石轰然而下，7名探险家中有6人瞬间被乱石砸死，而唯一幸存的那位只是受了点轻伤。事后，媒体问他："你只是侥幸没有被石头砸中吗？""不是，"探险家说，"当头上有东西掉下来时，绝大多数人的反应，第一是把眼一闭，第二是把头一缩，其实这对于避开危险没有任何用处。我面对危险抬起了头，从而得以避开巨石的袭击。"

在危机发生的时候，不要对危机产生过分的恐惧，而应尽一切可能去

挽救。只有这样，才能最大限度地躲避人生中的灾难，尽可能完好地生活在这个充满危机的世界上。

美国的"波音公司"和欧洲的"空中客车公司"曾为争夺日本"全日空"的一笔大生意而打得不可开交，双方都想尽各种办法，力求争取到这笔生意。由于两家公司的飞机在技术指标上不相上下，报价也差不多，"全日空"一时拿不定主意。

可就在这关键时刻，短短两个月的时间里，就发生了3起波音客机的空难事件。一时间，来自四面八方的各种指责向着波音公司扑面而来，"波音公司"产品质量的可靠性受到了前所未有的质疑。这对正在与"空中客车"争夺的那笔买卖来说，无疑是一个丧钟般的讯号。许多人都认为，这次"波音公司"肯定要败下阵来了，但"波音公司"的董事长威尔逊却不这样想。他马上采取了补救措施，向公司全体员工发出了动员令，号召公司全体上下一齐行动起来，采取紧急应变措施，力闯难关。

他先是扩大了自己的优惠条件，答应为"全日空航空公司"提供财务和配件供应方面的便利，同时低价提供飞机的保养和机组人员培训；接着，又针对"空中客车"飞机的问题采取对策，在原先准备与日本人合作制造A-3型飞机的基础上，提出了愿和他们合作制造较A-3型飞机更先进的767型机的新建议。空难前，波音原定与日本三菱、川琦和富士三家著名公司合作制造767型客机的机身。空难后，波音不但加大了给对方的优惠，而且还主动提供了价值5亿美元的订单。通过打外围战，波音公司博取到日本企业界的普遍好感。在这一系列努力的基础上，波音公司终于战胜了对手，与"全日空"签订了高达10亿美元的成交合同。这样，波音公司不仅渡过了难关，还为自己开拓了日本这个市场，打了一场反败为胜的漂亮仗。

出现危机并不可怕，可怕的是被危机吓得跌倒在地，自暴自弃。危机未必就是坏事，它有时反而会成为一个新的契机。所有的坏事情，只有在我们认定它不好的情况下，才会真正成为不幸事件。

所以，凡事多往好处想，面对阳光，你就看不到阴影。只要凡事肯向好处想，自然能够转苦为乐、转难为易、转危为安。

置之死地能后生，投之亡地可后存

有一句成语叫作"置之死地而后生"，是说斩断自己的后路，让自己陷入绝境中，往往可以创造出奇迹。其实人们做事时，总习惯给自己留条后路，进可攻，退可守。这是一种比较谨慎的做法，但这种做法常会导致一个人失去进取心，所以必要的时候，我们应该主动斩断自己的退路，破釜沉舟的人往往能够在危机中绝地逢生。

南京有一个年轻人大学毕业后开始求职，但由于他所学的专业实在太冷，半年过去了，仍未找到工作。他的老家在一个偏僻的山区，为了供他上大学，家里已经拿出了全部的钱，所以即使再没有钱，他也不好意思再向家里伸手了。

那天，他终于弹尽粮绝了，在那个阳光和煦的午后，年轻人在大街上漫无目的地走着，路过一家大酒楼时，他停住了。他已经记不清有多久不曾吃过一顿有酒有菜的饱饭了。酒楼里那光亮整洁的餐桌，美味可口的佳肴，还有服务小姐温和礼貌的问候，令他无限向往。他的心中忽然升起一股不顾一切的勇气，于是便推开门走了进去，选一张靠窗的桌子坐下，然后从容地点菜。他简单地要了一份红烧茄子和一份扬州炒饭，想了想，又要了一瓶啤酒。吃过饭后，又将剩下的酒一饮而尽，他借酒壮胆，努力做出镇定的样子对服务员说："麻烦你请经理出来一下，我有事找他谈。"

经理很快出来了，是个40多岁的中年人。年轻人开口便问："你们要雇人吗？我来打工行不行？"经理听后显然惊愣了："怎么想到这里来找工作呢？"他恳切地回答："我刚才吃得很饱，我希望每天都能吃饱。我已经没有一分钱了，如果你不雇我，我就没办法还你的饭钱了。如果你可以让我来这里打工，那你就有机会从我的工资中扣除今天的饭钱。"

酒楼经理忍不住笑了，向服务员要来他的点菜单看了看说："你不贪心，看来真的只是为了吃饱饭。这样吧，你先写个简历给我，看看可以给你安排个什么工作。"

此后这个年轻人开始了在这家酒店的打工生涯，历尽磨难，他从办公室文秘做到西餐部经理又做到酒店副总经理。再后来，他集资开起了自己的酒店。

遇到非常时期，人是要有点非常思维和非常勇气的。在最后的关头，唯有抱着破釜沉舟的决心，才能绝地逢生。故事中的年轻人敢到酒楼里吃"霸王餐"，并以一种奇特的方式向经理推荐自己，这都是因为他知道自己身无分文，已经没有了退路了，因此才有了这种不顾一切的勇气，可以说他的成功其实是有一点偶然性的，我们可能永远都碰不上这样的情况，所以有时要拿出勇气斩断后路，让自己更快地走向成功。

李先生从20世纪80年代中期起创办了一个内衣厂，正赶上发展的好时候，那几年结结实实赚了不少钱，等到世纪末时，他的内衣厂规模已经非常大了，但利润却逐年下降，几乎到了入不敷出的地步，原因是内衣市场的竞争越来越激烈，而内衣厂生产的内衣已经跟不上时代潮流了。经过几天的反复琢磨，李先生决定破釜沉舟，大干一场。他不顾妻儿的反对，

辑二　换一种心态　生活的面貌，取决于你凝视它的目光

取出了所有的存款，然后召开了全厂职工大会，会上他果断地宣布停止现有内衣样式的生产，请设计人员重新设计新型内衣，全厂职工都可以提出自己的想法，设计被采纳的人，可获重奖，他沉重地说："这是我们最后的机会了，我拿出自己的全部存款搞设计，如果失败了，那么我就是一个一无所有的穷光蛋，而你们也将失业。但如果成功了，我就会按功行赏，你们的生活也就有了保障。失败得失在此一举，大家一起努力吧！"这件事使全厂上下都振奋起来，采购人员买来了市面上能找到的所有款式的内衣，设计人员不分昼夜搞设计，广大职工纷纷提出自己的看法，从样式、布料，再到裁剪，给设计人员提供了不少灵感，有时一天竟拿出二十多套设计方案，一些职工还自发地跑上街头搞调研，看现在的女孩子究竟喜欢什么样的款式。而厂里的业务员更是拼尽全力拉客户。33天后，一批新款内衣设计完成了，一些客户已经开始订货了，厂里的工人又开始加班加点生产内衣……结果这些内衣一上市就受到了顾客的好评：款式美观，质量好，价格适中。订货的客商像潮水一样涌来，李先生的内衣厂又复活了。

我们不得不佩服李先生的勇气和胆识，工厂陷入困境时，他本可以关闭工厂，遣散工人，这样做他还可以保住自己的存款，虽然失去了工厂，但一辈子还是可以衣食无忧。但他却不顾家人的反对，彻底断了自己的后路，跟员工一道为工厂的未来而努力奋斗，最终取得了辉煌的胜利。其实把自己推向绝路并不代表必死无疑，不给自己留下退路，就没有了多余的顾虑，必将勇敢前行，而人在面临危险、绝望之际，往往会爆发出一股无穷大的威力，因此会取得出人意料的成功。

爱惜生命、物品和金钱是人类的天性，但如果面临危险或困难时，还受这种想法的局限，那你就会惨遭失败。"置之死地而后生，投之亡地而后存"，有时只有破釜沉舟，才能有柳暗花明的结果。

Part4
换个角度看困难，人生没有过不去的坎儿

人生，没有永久的幸福，也没有永久的不幸。一次挫折荒废不了整个人生，就像一片落叶荒芜不了整个春天。要学会适时地转变看待人生的角度，如果能把经受的每一次挫折当作机遇和恩赐，那么黎明前的曙光也就离我们越来越近了。

一眼之别，就是两个不同的世界

世上没有任何事情是值得痛苦的，你可以让自己的一生在痛苦中度过，然而无论你多么痛苦，甚至痛不欲生，你也无法改变现实。

痛苦是一种过度忧愁和伤感的情绪体验。所有人都会有痛苦的时刻，但如果是毫无原因的痛苦，或是虽有原因但不能自控、重复出现，就属于心理疾病的范畴了。这时如果还不及时调整，一味地痛苦下去，就会出问题——你随时可能崩溃掉。

当下，痛苦俨然已经成为一种社会通病，几乎每个人都在叫嚷着："我好痛苦！"但大家想明白没有：令人感到痛苦的是什么？痛苦又能给人

辑二 换一种心态 生活的面貌，取决于你凝视它的目光

带来什么？毫无疑问，痛苦这种情绪消极而无益，既然是在为毫无积极效果的行为浪费自己宝贵的时光，那么我们就必须做出改变。不过，我们要改变的不是诱发痛苦的问题，因为痛苦不是问题本身带来的，我们需要改变的是对于问题的看法，这会引导我们走向解脱。

有一位朋友，刚刚升职一个多月，办公室的椅子还没坐热，就因为工作失误被裁了下来，雪上加霜的是，与他相恋了五年的女友在这时也背叛了他。事业、爱情的双失意令他痛不欲生，万念俱灰的他爬上了以前和女友经常散步的山。

一切都是那么熟悉，又是那么陌生。曾经的山盟海誓依稀还在耳边，只是风景依旧，物是人非。他站在半山腰的一个悬崖边，往事如潮水般涌上心头，"活着还有什么意思呢？"他想，"不如就这样跳下去，反倒一了百了。"

他还想看看曾经看过的斜阳和远处即将靠岸的船只，可是抬眼看去，除了冰冷的峭壁，就是阴森的峡谷，往日一切美好的景色全然不见。忽然间又是狂风大作，乌云从远处逐渐蔓延过来，似乎一场大雨即将来临。他给生命留了一个机会，他在心里想"如果不下雨，就好好活着，如果下雨就了此余生"。

就在他闷闷地抽烟等待时，一位精神矍铄的老人走了过来，拍拍他的肩膀说："小伙子，半山腰有什么好看的？再上一级，说不定就有好景色。"老人的话让他再也抑制不住即将决堤的泪水，他毫无保留地诉说了自己的痛苦遭遇。这时，雨下了起来，他觉得这就是天意，于是不言不语，缓缓向悬崖走去。老人一把拉住了他，"走，我们再上一级，到山顶上你再跳也不迟。"

奇怪的是，在山顶他看到了截然不同的景色。远方的船夫顶着风雨引吭高歌，扬帆归岸。尽管风浪使小船摇摆不定，行进缓慢，但船夫们却

精神抖擞，一声比一声有力。雨停了，风息了，远处的夕阳火一样地燃烧着，晚霞鲜艳得如同一面战旗，一切显得那么生机勃勃。他自己也感到奇怪，仅仅一级之差，一眼之别，却是两个不同的世界。

他的心情被眼前的图画渲染得明朗起来。老人说："看见了吗？绝望时，你站在下面，山腰在下雨，能看到的只是头顶沉重的乌云和眼前冰冷的峭壁，而换了个高度和不同的位置后，山顶上却风清日丽，另一番充满希望的景象。一级之差就是两个世界，一念之差也是两个世界。孩子，记住，在人生的苦难面前，你笑世界不一定笑，但你哭脚下肯定是泪水。"

几年以后，他有了自己的文化传播公司。他的办公室里一直悬挂着一幅山水画，背景是一老一少坐在山顶手指远方，那里有晚霞夕阳和逆风归航的船只。题款为："再上一级，高看一眼"。

当人生的理想和追求不能实现时、当那些你以为不能忍受的事情出现时，请换一个角度看待人生，换个角度，便会产生另一种哲学，另一种处世观。

一样的人生，异样的心态。换个角度看待人生，就是要大家跳出来看自己，跳出原本的消极思维，以乐观豁达、体谅的心态来关照自己、突破自己、超越自己。你会认识到，生活的苦与乐、累与甜，都取决于人的一种心境，牵涉到人对生活的态度，对事物的感受。你把自己的高度升级了，跳出来换个角度看自己，就会从容坦然地面对生活，你的灵魂就会在布满荆棘的心灵上作出勇敢的抉择，去寻找人生的成熟。

辑二　换一种心态　生活的面貌，取决于你凝视它的目光

如果不能流泪，那就选择微笑

　　遗憾会使有些人堕落，也会使有些人清醒；能令一些人倒下，也能令一些人奋进。同样的一件事，我们可以选择不同的态度去对待。如果我们选择了积极，并作出积极努力，就一定会看到前方瑰丽的风景。

　　其实，人生中的遗憾并不可怕，怕就怕我们沉浸在戚戚的遗憾诉说中停滞不前。甚至是那些看似无法挽回的悲剧，但只要我们意念强大，勇敢面对，就能修正人生航向，创造人生幸福，实现人生价值。

　　美国女孩辛蒂在医科大学时，有一次，她到山上散步，带回一些蚜虫。她拿起杀虫剂想为蚜虫去除化学污染，却感觉到一阵痉挛，原以为那只是暂时性的症状，谁料她的后半生从此陷入不幸。

　　杀虫剂内所含的某种化学物质使辛蒂的免疫系统遭到破坏，使她对香水、洗发水以及日常生活中接触的一切化学物质一律过敏，连空气也可能使她的支气管发炎。这种"多重化学物质过敏症"，到目前为止仍无药可医。

　　起初几年，她一直流口水，尿液变成绿色，有毒的汗水刺激背部形成了一块块疤痕。她甚至不能睡在经过防火处理的床垫上，否则就会引发心悸和四肢抽搐。后来，她的丈夫用钢和玻璃为她盖了一所无毒房间，一个足以逃避所有威胁的"世外桃源"。辛蒂所有吃的、喝的都得经过选择与处理，她平时只能喝蒸馏水，食物中不能含有任何化学成分。

很多年过去了，辛蒂没有见到过一棵花草，听不见一声悠扬的歌声，感觉不到阳光、流水和风。她躲在没有任何饰物的小屋里，饱尝孤独之余，甚至不能哭泣，因为她的眼泪跟汗液一样也是有毒的物质。

然而，坚强的辛蒂并没有在痛苦中自暴自弃，她一直在为自己，同时更为所有化学污染物的牺牲者争取权益。后来，她创立了"环境接触研究网"，以便为那些致力于此类病症研究的人士提供一个窗口。几年以后辛蒂又与另一组织合作，创建了"化学物质伤害资讯网"，保证人们免受威胁。

目前这一资讯网已有来自32个国家的5000多名会员，不仅发行了刊物，还得到美国、欧盟及联合国的大力支持。

她说："在这寂静的世界里，我感到很充实。因为我不能流泪，所以我选择了微笑。"

是啊，既然不能流泪，不如选择微笑，当我们选择微笑地面对生活时，我们也就走出了人生的冬季。

岁月匆匆，人生也匆匆，当困难来临之时，学着用微笑去面对、用智慧去解决。永远不要为已发生的和未发生的事情忧虑，已发生的再忧虑也无济于事，未发生的根本无法预测，徒增烦恼而已。你得知道，生活不是高速公路，不会一路畅通。人生注定要负重登山，攀高峰，陷低谷，处逆境，一波三折是人生的必然，我们不可能苦一辈子，但总要苦一阵子，忍着忍着就面对了，挺着挺着就承受了，走着走着就过去了。

其实，上帝是很公平的，他会给予每个人实现梦想的权利，关键看你如何去选择。琐事缠身、压力太大——这些都不应该是我们放弃梦想的理由，在身残志坚的人面前这会让你抬不起头。要知道，幸福感并不取决于物质的多寡，而在于心态，你的心坚强，世界也会坚强。

辑二　换一种心态　生活的面貌，取决于你凝视它的目光

折磨你的人，又何尝不是成就你的人

其实对待那些不可抗的因素，我们多数人或许还能够释怀，但对待那些人为的折磨，我们多数人也许就要耿耿于怀了。

其实我们可以换一种心态去看待。别把它当成消极的打压，把它当成一种促进我们成长的积极因素。生命是一个不断蜕变的过程，有了折磨它才能进步，才能得到升华。如果说你已经是成功者，那么不妨回忆一下，真正促成我们成功的，除了自身的能力、亲友的鼓励以外，是不是还有别人的折磨？不管那些人是善意还是恶意，他们在折磨你的同时，是不是也成全了你？这种痛苦是不是让你变得更加睿智、更加成熟？

其实，每一种折磨或挫折，都隐藏着让人成功的种子，那些正在向成功努力的人更应该看清这一点，不要害怕别人的折磨，更不要因此萎靡不振。事实上，我们从小到大一直在经受着某种意义上的折磨：老师对于我们落后的批评、同学对于我们错误的指责、朋友对于我们偏差的纠正、父母偶尔扬起的巴掌……这一切一切，我们都把它当成理所当然，因为我们知道，每一次的折磨，都像在我们脚下垫了一块砖，让我们站得更高，看得更远。那为什么现在，我们的心智更加成熟了，反倒无法释然了呢？或许真是因为我们觉得自己长大了，我们觉得自己不再需要鞭策；又或者我们太希望人生能够一帆风顺，我们心中的"自我意识"容不得别人的侵犯。但事实上，我们错了！你要知道，没有经历过折磨的雄鹰不可能高飞

几十年，没有被生活折磨过的人不可能坦然看世间。其实，那些折磨过我们的人和事，往往正是人生中最受用的经历。你不觉得它就像牡蛎一样吗？虽然会喷出扰乱前途的沙子，可是内涵却在于体内那一颗颗绚丽的"珍珠"！

不知道大家有没有听说过，在心理学上有一种"最优经验"的说法：当一个人自觉将体能与智力发挥到极致之时，就是"最优经验"出现的时候，而通常，"最优经验"都不会在顺境之中发生，大多是在千钧一发之际被激发出来。据说，许多在集中营里大难不死的囚犯，就是因为困境激发了他们采取最优的应对策略，最终能躲过劫难。

那我们为什么不能这样？——就让别人的折磨来刺激我们的"最优经验"。换言之，当有人打压、欺负、刻薄，甚至是伤害我们时，我们是不是可以将心底爆发出来的怒气转化为志气？说得通俗一点，谁越瞧不起我们，我们就越要做出个样子给他们看看！人若是没这点志气，别人越看不起你，你就越放任自流或者说逆来顺受，那人生也就看不出什么实际意义了。

所以，当有人折磨你时，不妨想想罗曼·罗兰的那句话——"从远处看，人生的不幸折磨还很有诗意呢！"是的，这个时代，众多竞争对手使我们立于没有硝烟的战场之中，也许我们无法选择，也许这场战争使我们饱受折磨，但是——我们完全可以把它当成充满诗意的鞭策，就让别人来驱散我们的惰性，逼着我们不断向前。假如大家能够具备这种心态，那我们大抵就可以做事了。

辑三　换一个形象
在形象上干干净净，在内心中清清白白

如果你一直无法得到别人的认可，那可能是你的形象出了错，不是外表，而是内在。那么，你必须改变自己的形象，不是为了迎合，而是为了"人和"。改变形象，是一种充满意义的事情。然而，改变的前提条件是，我们必须不停地给自己的人生充电。一个人自然可以不必频频"变脸"，但必须在暗中默默地积蓄可以随时"变脸"的勇气和力量。如此，才能把人生的主动权牢牢地操控在自己的手中。

Part 1
衡量一个人，要看他具有什么样的品格

品格能决定人生，它比天资更重要。一个人的真正财富不是产业，而是在他本身之内；不在于他的居处、地位，或外在关系，而是在他自己的品格之中。

静下心，寻找高贵的灵魂

繁重的生活有时让我们不经意间忘记了生命的价值，那么静下心来想一下吧，给自己、给生命找一个高贵的理由，有了这个理由，你才会活得充实，活得有滋有味。

首先你必须告诉自己，富贵未必是高贵。

远远地驶来一辆玛莎拉蒂，下车的人西装革履，你可能艳羡他的富有，但他的灵魂未必高贵，事实上，富贵与高贵不存在必然联系。

一介平民，清淡如水，他的物质生活档次不高，但这一点也不影响他拥有一个高贵的灵魂。因为高贵是一种精神层次上的东西，它不会嫌贫爱富。

辑三　换一个形象　在形象上干干净净，在内心中清清白白

普通大众，触摸富贵可能还有一段距离，但追求高贵的灵魂却绝非遥不可及；豪门贵族，由富到贫，可能只在旦夕，但若指望心灵皈依高贵，却路漫漫长远兮。

其次你要知道，权力也不意味着高贵。

一个人，倘若醉心于权力，全意向慕权贵生活，那么他在权贵面前就会媚颜屈膝，他只能是卑微和低下的。反之，一个拥有高贵思想的灵魂，不屈不挠、向往美好，那么起码与那些王侯将相、豪商大贾等价齐身。

权贵不等于高贵，富贵不等于高贵，尊贵不等于高贵，华贵不等于高贵。高贵是一种心灵的状态，是一种思想的境界，它与物质条件和身份地位无关。一个将赴刑场的死囚几乎一切都已不复存在——包括他的肉体，然而他却未必丧失半点追求并拥有高贵的理由。

在很久以前，很多贵族被杀了，包括国王，但其中很多人在走上断头台时，确实表现得很高贵。一个贵妇人在临刑前不小心踩到了刽子手的脚，马上向他道歉："对不起，请原谅。"讲完这话之后，她就被杀头了，她一直到死，始终保持着高贵。还有一个贵妇人，排队坐着等待行刑，因为人很多，大家坐着比较拥挤。她旁边的一个老太太一直在哭，她就站起来，让老太太可以坐得舒服一点。相比之下，老太太觉得自己太失态了，就不哭了。贵妇人的镇静，临死前所表现的从容与优雅，是装不出来的，这就是一种内在的高贵。作为一个大写的"人"，就应该有这种高贵，这种尊严，处处都要体现出这种尊严。

做个高贵的人，不是要求穿戴华贵，身份特殊，腰缠万贯，而是一个人的修养、追求、处世、为人要有深度和广度。

一个高贵的人，应该对长辈有孝心，对晚辈有爱心，对事业有忠心，对朋友有诚心；

一个高贵的人，应该勇于承担，而不是借故推诿；

一个高贵的人，应该心怀淡泊，而非利欲熏心；

一个高贵的人，应该感恩图报，而非忘恩负义；

一个高贵的人，应该宽宏大量，胸怀坦荡，而非斤斤计较，阴险狭隘；

一个高贵的人，应该自尊自重，而非妄自菲薄；

一个高贵的人，应该儒雅端庄，谈吐大方，而非粗俗猥琐，说三道四；

一个高贵的人，应该不喜张扬，处世内敛，而非盛气凌人，刚愎自用；

一个高贵的人，应该雪中送炭、锦上添花，而非落井下石，赶尽杀绝；

一个高贵的人，应该从善如流，而非不分善恶。

高贵的情怀不会来自一个空乏的头脑，也不可能归属一个粗鄙的心灵，它如兰似茶，素雅端庄，即便苦中也有一缕幽香。

在人的一生中，高贵的理由实在很多，远胜于权位、金钱与美色，如果你不甘俗鄙，不忍沉沦，不落腐朽，那么，就请及时给自己一个高贵的理由。

——给自己一个向上的理由，然后去攀登；

——给自己一个成功的理由，然后去竞争也去合作；

——给自己一个乐观的理由，然后去放眼、俯首耕耘；

——给自己一个高贵的理由，让日子于平平淡淡中活出诗的意境。

虽然我们未必会生存在社会的上层，但这并不意味着我们无权进入高贵阶层，也不意味着我们就将一生平庸，更不意味着我们不可以寻找生命与永恒的距离。给心灵一个寄托，用开辟鸿蒙时最原始的姿势，去构筑灵魂的家园，又何愁找不到生命中那高贵的理由呢？

辑三　换一个形象　在形象上干干净净，在内心中清清白白

告诉自己：我应该是个高贵的、儒雅的、端庄的人！你对世上的很多事情都会看开、看淡、看透，你将会赢得更多愉悦的心情，也必将离做一个高贵的人的目标越来越近。

即使疲惫占据你的身心，你依然可以拥有高贵的灵魂，但你需要在生活中寻找，寻找让生命高贵的理由。

没有优秀做条件，成功也只是徒有其表

我们很看重成功，但要把成功和财富的关系摆正：有财富可以被视为一种成功，但真正的成功绝不是相对于财富而言。成功的含义是：优秀。

没有优秀做条件，成功也只是虚有其表，有些人虽然一时赚得盆丰钵满，但取财不走正路，富贵却不仁慈，这样的人谁会认可他的成功？这样的"成功"也必然不能长久。财富，对于一个人的生活确实有所帮助，在一定程度上，它确实有助于成功的发展，但如果人的素质不好，它又很容易被毁掉。所以，衡量一个人是否成功的基本条件应该是：是否是一个善良的人、丰富的人、高贵的人。一个人，只有具备了善良和高贵的品质，有同情心，有做人的尊严感，才能够真正被大家所认可。

我们来看看富勒的故事，不是约翰·富勒，是米勒德·富勒。

同许多美国人一样，米勒德·富勒一直在为一个梦想奋斗，那就是从零开始，然后积累大量的财富和资产。到30岁时，米勒德·富勒已经挣到了上百万美元，他雄心勃勃，想成为千万富翁，而且他也有这个本事。

但问题也来了：他工作得很辛苦，常感到胸痛，而且他也疏远了妻子和两个孩子。他的财富在不断增加，她的婚姻和家庭却岌岌可危。

一天在办公室，米勒德·富勒心脏病突发，而他的妻子在这之前刚刚宣布打算离开他。他开始意识到自己对财富的追求已经耗费了所有他真正珍惜的东西。他打电话给妻子，要求见一面。当他们见面时，两个人都流下了眼泪。他们决定消除破坏生活的东西——他的生意和财富。他们卖掉了所有的东西，包括公司、房子、游艇，然后把所得捐给了教堂、学校和慈善机构。他的朋友都认为他是疯了，但米勒德·富勒却感觉现在比以往任何一个时候都更加清醒。

一个曾经为财富所困、几乎成为财富奴隶、差点被财富夺走妻子和健康的人，现在，他成了财富的主人。从他放弃物欲转而选择为人类幸福工作的那一刻起，他就进入了世界上最优秀的人的行列。

拥有更多的财富，一直是大多数人的奋斗目标，而财富的多寡，也顺理成章地成了衡量一个人才干和价值的尺度。但是，我们忘记了金钱只是我们手中的工具，财富的多寡并不能代表什么。

富者无非在某些时候或某些方面抓住了机遇，成为了富人，然而为富不仁、弃贫爱富就是贫困的另一种表现，而这种表现让整个社会都厌恶。以贫富论英雄，是一种狭义的贫富观。中国著名的数学家陈景润算是穷到家了，但是谁又能鄙视陈景润呢？还有历代以来的那些清官、廉官，谁又能说他们值得鄙视呢？

因此，不管是富人还是穷人，都应该摆正自己的位置，每个人都有自己的舞台，只要自己正视这点，我们都将是富有的人。这才是我们对财富所应该持有的态度。

辑三　换一个形象　在形象上干干净净，在内心中清清白白

如果生命有了污点，只能用灵魂去清洗

是人就会犯错，无可避免，错误并非不可饶恕，只要你懂得忏悔。如果人人都懂得忏悔，濒临麻木的心就会萌生出爱的嫩芽；如果处处都有良知的觉醒，再弯曲的道路也能抵达爱的世界。

生活是纷扰烦琐的，有心无心之间，我们不知做错了多少事，说错了多少话，动过多少邪念，只是很多时候我们真的没有觉察。但正所谓"不怕无明起，只怕觉照迟"，这种从内心觉照反省的功夫就是忏悔。若以修行之人的理论来说，人若没有了悔过之心，便已是病入膏肓、无药可医，但若心生忏悔，纵然曾经十恶不赦，也可以洗去罪过——"人有时因无知而犯罪，或因愤恨，或因误会而犯罪。事后，自知无理，来求忏悔谢罪，此人确是难得，有上德行，但受者反不肯接受其忏悔，必欲报复。如果是这样的话，那么犯罪者已无罪，而不接受忏悔者，反成为积集怨结之人。"按修行人观点，当我们的身心受到染污之时，只要用清净忏悔的净水来洗涤，就能使心地没有污秽邪见，使人生呈现意义。

有个年轻人，家里一贫如洗，于是前往南方一发达城市打工。求职时许多用人单位都拒绝了一没技术二没文化的他，最后，他只能从事简单、机械的体力劳动。他用身上仅有的几百元买了一辆二手人力三轮车，每天定时给一家饭店送菜送货。

有一天晚上，送货途中，由于车速过快，逆向行驶的他将一位拾荒的

老人撞倒，老人倒在地上血流如注，不省人事，他自己也摔成重伤。在好心人的帮助下，他和老人被送往附近医院急救。住院需要押金，他将几千元货款全部交了押金。晚上医生告诉他，老人的伤势很严重，需要几万元手术费，请他想办法通知家人筹款。几万元对于一个月收入只有 1000 多块、仅能勉强度日的他来说，无疑是一个天文数字。到哪里筹集这笔巨额的医药费呢？躺在床上输液的他心绪大乱。

最后，他趁医务人员不注意，拔掉针头悄悄跑掉。他潜回住处匆匆换掉衣服，与饭店老板结清费用，连夜在那个城市销声匿迹。

他在另一个城市过起了流浪生活，每天早出晚归四处求职，但结果很不理想。眼看身上的钱就要花完了，他将希望寄托在了街头的彩票点上，每天他只花 2 元钱买一注彩票，这样雷打不动地坚持了一个月，幸运的是，有一天他竟然中了 1 万元。兴奋不已的他在城郊租了一间非常窄小的店面，办起了 2 元超市，利润很低。经过一段时间的经营，他发现，住在城郊的大多是外来打工者，他们心疼钱，更钟爱这种"2 元"超市的小商品。于是他扩大规模，又租了一间店面，打出零利润的旗号，又用不多的钱雇了一个打工者。很快，他的零利润超市因为物美价廉赢得了大批打工者的青睐。他以规模制胜，许多供货商以低于他人的批发价给他的零利润超市供货，两者互惠互利，赚的钱也越来越多，一年以后，他已拥有了近 10 万元的积蓄。

有了钱他的心里愈发不安，不知为什么，每天晚上盘点收支时，心里都有种刀割般的感觉，脑中总是不时闪现自己撞人后从医院逃逸的情景。他赚的钱越多，这种负罪感就越强烈，让他寝食不安，夜不能寐。最后，他决定到那个城市去赎罪，还清拖欠的医疗费、老板的货款和预支的工资。

在医院里他长跪不起，深深地忏悔，向医生讲述了当初为何悄悄逃逸

辑三　换一个形象　在形象上干干净净，在内心中清清白白

的原因。医院原谅了他的过错，他缴纳了所欠的医疗费，并向医院捐了10万元钱，以解救那些无钱治病的人。

老院长拉起他语重心长地说："一个人生理麻木没关系，怕的是良知麻木；一个人有了过错不要紧，怕的是道德沦落而不觉醒。我建议给你的捐款起个名字，你认为该怎么称呼好？"

他如获重释地说："就叫责任觉醒救助金吧。"医院一致通过了这个命名。

回去后，他将超市的名字改成"觉醒零利润超市"，生意越做越大，效益越来越好。

我们行走的人世太浮华、太复杂，我们原本纯正的天性一不小心就会被尘嚣所魅惑，导致我们在错误的沼泽中越陷越深。而忏悔和自省的好处就在于，它恰恰可以使我们明得失、衡利弊、知进退。说句不中听的话，那些生命平庸乃至困顿的人之所以过得如此糟糕，往往就是因为不自知己过、缺乏悔过和自省精神，又或者他们从来就不知悔过和自省。

自省之心会让我们重新认识和评价自我，重新更迭和安顿自我。但仅仅如此还不够，我们还要为自己的过错负起责任，准备接受这个错误所带来的一切后果，这才是悔过的意义。

自省，这是一种认识到错误以后的明白，更是一种经过思考后的道德觉醒，是悔过在行动上的延伸。如果说你不懂得自省，那么过去之事，你直到今日还不知正误；现在之时，你处于悬崖边缘而不知勒马。你说你是否糊涂？你说这样的人生能不平庸？！又岂能不困顿？！

自省亦是自知。我们要想获取前进的不竭动力，就必须不断反思自己。无论是谁，都要在做完事情之后，好好反省自己，时刻自我反省，只有这样，我们才能把事情做到更好。假如你不能及时反省自己的错误，那便只会错上加错，走上一条失败的不归路。

Part 2
失足，你可能马上站起；失信，你也许永难挽回

无论对于个人道德修养，还是对于经邦济国，诚信都是最重要的。如今这个时代，可以说是存在信任危机的。不少人为得利而失信，殊不知这样得了一时之利，却可能失去永久之利。许多人逐渐在社会上行不通，就是因为失去了别人的信任，所以，要想行得通，就得做到诚信。

当信用消失的时候，灵魂也就堕入了地狱

不知从何时起，诚信开始被一些人淡漠了，越来越多的灵魂开始趋向功利，而将诚信当作迂腐。他们可能觉得自己很聪明，因为他们总是能够占得一些小便宜，这对他们来说很实惠，而且让他们更为得意的是，这种依靠不择手段获取的成绩，有时也能够博得不明真相的人的尊重。

但事实上，这些好处长久不了。道理很简单，每个人都有一种追求个人安全的本能，希望生活在自己周围的人都是友好的、诚信的，至少是对

辑三　换一个形象　在形象上干干净净，在内心中清清白白

自己没有敌意的。如果身边出现了这样一个人：虚伪狡诈，唯利是图，那么任何一个人都会选择远避，这个没有诚信的人会逐渐被孤立，他的人生路肯定会越走越窄。

有一个享尽荣华的富翁死后下了地狱，他对这个判决不服，这是有原因的，在阳间里，他活得很好，有健康，有相貌，有金钱，有荣誉……他几乎什么都有，为什么死去以后要受折磨？他非常不满，一再要求去去天堂。

上帝笑了笑，问他："你想去天堂，可是凭什么呢？"

富翁于是把他在人世所有拥有的一切都说了出来，之后他反问道："所有这些，难道不足以使我上天堂？"

说完之后他扬扬得意地笑了……

上帝待他说完以后，平静地问了一句："难道你不觉得自己身上少了什么东西吗？"

"你已经看到了，我拥有很多东西，完全有资格上天堂！"富翁得意地笑着。

上帝继续引导他："你曾经抛弃了一种最重要的东西，难道你不记得了吗？在人生渡口上，你抛弃了一个人生的背囊，是不是？"

他终于想起来了，年轻时，有一次乘船过海，遇上了大风浪，小船险象环生，老船工让他抛弃了一样东西，他想来想去，金钱、相貌、荣誉……他舍不得，最后，他选择了抛弃诚信……可是他还是不服气，争辩道："不能因为这样就让我进入可怕的地狱，我还是有资格上天堂的！"

上帝变得很严肃："可是自那以后你都做了什么？他回想着……那次回家后，他答应妻子永远不背叛她，答应母亲要好好照顾她，答应朋友要一起做事业，后来……他继续回想着……自己在外面有了情人，母亲因此劝告他，他索性再也不管母亲了，他和朋友做生意，最后却把朋友的那一

份也吞掉了，并且还把朋友送入了监牢……"

上帝打断他："看到了吗？丢掉诚信以后，你做了多少背信弃义的事？天堂是圣洁的，怎能让你这种人进去呢？"

他沉默了，他终于明白，自己其实不是无所不有，而是一无所有：爱情、亲情、友情……统统都随诚信而去了。

上帝看着他，说道："一个没有诚信的人，亲友、同事、客户以及所有周边的人都不会再相信他，要与他保持一定的距离，在人间如此，在天堂亦不例外！天堂里不欢迎你这种人，你还是下地狱去吧！"

当信用消失的时候，灵魂也就堕入了地狱。

无论在世界上的哪一个国家，诚信都是做人的根本，是人的名誉根本，是魅力的深层所在。现在的生意场上，企业做广告做宣传，树立企业在公众中的形象，就是想提高企业的信用度。信用度高了，人们才会相信你，和你来往，成交生意。不过，企业的信用度需要靠产品的质量、优良的服务态度来实现，而非几句响亮的广告词、几次优惠大酬宾便可做到。人的信用也是如此。

吹牛皮的人可以用嘴巴将火车吹着跑。人的信用，不是靠三寸不烂之舌便可"吹"起来的，要看实实在在的行动。说得天花乱坠，而做起来又是另一套，只会让人更厌恶，更看不起，何谈为人的信用？获得众人的信任，铸就自己的信誉，不论你采取何种方法，笃诚、守信才是最根本的要诀。

在江苏兴化市有一位叫汪东奇的青年，就用自己的行动为我们诠释了"诚"的真谛。

汪东奇是兴化市张阳小区福彩投注站业主，一天，他按照一位李姓彩民的要求，垫款代买了56元的彩票。但是一直到晚上打烊，彩民也没来取彩票，汪东奇只好将彩票带回家。当晚，汪东奇像平常一样收看摇奖结

辑三　换一个形象　在形象上干干净净，在内心中清清白白

果。不得了！那张自己垫款代买的彩票中了500万的巨奖！汪东奇和妻子惊喜不已，没有片刻犹豫，立即拨通了李姓彩民的电话。最初李先生还以为他是在开玩笑，不敢相信自己中了大奖，也不敢相信别人将中了奖的彩票这么轻易地交给自己。

"是别人的彩票就应该给人家！"朴素的语言，并没有说出自己伟大行为的闪光点，但是，诚信的内动力足以让这个社会上的大多数人汗颜！其实，汪东奇一家五口至今仍挤住在50多平方米的住宅里，他与妻子先后下岗，打了一段时间零工以后才攒足钱开办这样一家福利彩票代售点。此事发生前不久，他不满10岁的儿子因为烫伤到上海做手术就花了两万多元。而且，彩票不记名、不挂失，汪东奇与彩民之间又没有任何协议，完全可以找个借口不归还彩票。对于这对清贫的夫妻来说，503.9万是个巨大的诱惑，但两个人都没有一丝动摇。正如汪东奇一家所说："假如将彩票据为己有，这辈子经济上是没问题了，但精神上将欠一辈子的债，生命也就结束了。"

一个人，能将诚信视为生命，以光明磊落的形象，彰显自己的魅力，这样的人即使物质清贫，但不说他是精神上的富翁，谁不觉得他是个高贵的人？

在这个诚信危机的时代，物欲的极度膨胀把诚信物化成经济利益，维系着人与人之间脆弱微妙的关系。要维持人与人之间的关系纽带不至于崩裂，我们最需要的就是这种诚信精神。是故，希望大家，都能将诚信冥想成刚刚从我们生命的原野上破土而出的嫩芽，格外地去呵护它、培植它、浇灌它，让这株岌岌可危的弱小苗木，最终长成参天的大树，结出芬芳的桃李。

糟蹋自己的名誉，无异是在拿人格做典当

  人要获得成功，因素有很多，但有一点不容忽视，那就是信誉。优秀的人在追求成功的道路上，从来不给别人留下不诚实和不守信誉的印象。正如有人比喻的：信誉仿佛是条细线，一旦断了，想接起来，难上加难！

  美国堪萨斯城郊的一所高中，一批高二的学生被要求完成一项生物课作业的过程中，其中28个学生从互联网上抄袭了一些现成的材料。

  此事被任课的女教师发觉，判定为剽窃。于是，不但这28名学生的生物课成绩为零分，并且还面临留级的危险。在一些学生及家长的抱怨和反对下，学校领导要求女教师修改那些学生的成绩。这位女教师拒绝校方要求，结果愤而辞职。

  这一事件，引起了全社会的广泛关注，成为全市市民关注的焦点。

  面对巨大的社会反响，学校不得不在学校体育馆举行公开会议，听取各方面的意见。结果，绝大多数的与会者都支持女教师。

  该校近半数的老师表示，如果学校降格满足了少数家长修改成绩的要求，他们也将辞职。

  他们认为，教育学生成为一名诚实的公民，远比通过一门生物课程更重要。

  被辞退的女教师每天接到十几个支持她或聘请她去工作的电话。一些公司已经传真给学校索要作弊学生的名单，以确保他们的公司今后永不录

辑三　换一个形象　在形象上干干净净，在内心中清清白白

用这些不诚实的学生。

谁会想到呢，一些中学生的一次作业抄袭行为所引起的事件，竟在全美国引起轩然大波。

也许有的人会认为美国人是在小题大做，这样想就错了。在这个故事中，我们应该感受到的是"信誉"两个字那沉甸甸的分量。信誉是一个人立足社会的基础，也是一个民族、一个国家立足于世界之根本。一个人可以失去财富、失去机会、失去事业，但万万不可失去信誉。人格是一生中最重要的资本，糟蹋自己的名誉无异于在拿自己的人格做典当。一个没有信誉的人，在这个世界上将会举步维艰。

正因如此，聪明人都会努力培植自己良好的名誉，使人们都愿意与之深交，愿意竭力来帮助自己。

有一次，我国一艘海轮通过美国主管的巴拿马运河，可是该船抵达外锚地已是下午4点，这里已有30余艘船正在排队等候通过。如果按先来后到的次序，我国这艘海轮最早也要等到第二天下午才能过巴拿马运河。时间就是金钱。光排队耗费的时间，就会使这艘海轮损失一笔可观的收入。正在中国船员为这件事十分懊丧时，美国方面却通知：中国海轮早上5点起锚，为第二名通过的轮船。

这艘中国海轮为什么会受到优待呢？原来，主管巴拿马运河的美国管理机构不讲情面，却重信誉。他们从计算机调出的档案资料表明：这艘中国海轮三次经过巴拿马运河，每次都是船况良好，技能颇佳，可信度高，所以决定让中国海轮领头先行。

望着运河中缓缓而行的船队，中国船员想着自己海轮所受到的优待，更觉得"信誉"不但重千金，而且是永久性成功的生命力。

一个人凭着自己良好的品性，能让人在心里默认你、认可你、信任你，那么，你就有了一项成功者的资本。要比获得千万财富更足以自豪。

但是，真正懂得获得他人信任的方法的人真是少之又少。多数人都无意中在自己前进的康庄大道上设置了一些障碍，比如有的人态度虚伪，有的人缺乏机智，有的人不善待人接物……这些常常使一些有意和他深交的人感到失望，对他失去信任。

以诚待人，非为益人

一个士兵，非常不善于长跑，所以在一次部队的越野赛中很快就远落人后，一个人孤零零地跑着。转过了几道弯，遇到了一个岔路口，一条路，标明是军官跑的；另一条路，标明是士兵跑的小径。他停顿了一下，虽然对做军官连越野赛都有便宜可占感到不满，但是仍然朝着士兵的小径跑去。没想到过了半个小时后到达终点，却是名列第一。他感到不可思议，自己从来没有取得过名次不说，连前 50 名也没有跑过。但是，主持赛跑的军官笑着恭喜他取得了比赛的胜利。过了几个钟头后，大批人马到了，他们跑得筋疲力尽，看见他赢得了胜利，也觉得奇怪。但是突然大家醒悟过来：在岔路口诚实守信，是多么重要。

诚乃做人之本，不论在生活上或是工作上，一个人的信用越好，就越能成功地打开局面，可以说，诚信是最好的人生品牌。

很多现代工商界人士只知道名震海内外的"宁波帮"，但极少知道它的奠基者严厚信，也不知道他是我国近代第一家银行、第一个商会、第一批机械化工厂的创办者，更不知道为什么他在当时的工商界信誉卓著、成

辑三 换一个形象 在形象上干干净净，在内心中清清白白

就令人瞩目。

严厚信原籍慈溪市，少年时，因为家里贫困，只上过几年私塾，辍学后在宁波一个钱庄当学徒。但他没干多少时间就被老板借故"炒了鱿鱼"。之后，他经同乡介绍在上海小东门宝成银楼当学徒。在此期间，他手脚勤快、头脑灵光，很快掌握了将金银熔化的技术，并掌握了打铸钗、簪、镯、戒指和项圈等各种首饰的技巧。同时，业余时间他酷爱读书，尤其酷爱书法和绘画。他常常临摹古今名家的作品，几乎可以达到乱真的程度。

后来，严厚信在生意中结识了"红顶商人"胡雪岩。一次，胡雪岩在宝成银楼订做一批首饰，严厚信亲自动手，做好后又亲自送去。胡雪岩给他一包银子，要他点一下，他说："我相信胡老爷，不用点。"但是，拿到店里数一下，发现少了2两银子，他不声不响，将自己的辛苦工钱暗暗地凑在里面，交给了老板。又一次，胡雪岩要宝成银楼的首饰，严厚信送去之后，又数也不数拿了一包银子回来。可是，回来一数，吓了一跳，多出了10两银子。10两银子，当时相当于一个小伙计的几年辛苦工钱。然而，他想起家里大人的教诲，绝不能要昧心钱。因此，次日一早，他马上送还给了胡雪岩。

其实，同前一次一样，这是胡雪岩试他的品行。自然，他得到了胡的好感。继而，他以自画的芦雁团扇赠给胡雪岩，深得胡的赏识，称赞他"品德高雅、厚信笃实，非市侩可比"，于是，推荐给中书李鸿章。他得到了在上海转运饷械、在天津帮办盐务等美差，逐渐积累了一些金钱。而后，在天津开了一家物华楼金店。

严厚信拿自己的诚信换取了他人的信任和赏识，他人的信任和赏识也把严厚信推向了成功与卓越。

换个角度来说，一个人一旦失信于人一次，别人下次再也不愿意和他交往或发生贸易往来了。别人宁愿去找信用可靠的人，也不愿再找他，因

为他的不守信用可能会生出很多麻烦。

许多人能获得成功，靠的就是获得他人的信任。但到今天仍然有很多人对于获得他人的信任一事漫不经心、不以为然，不肯在这方面花些心血和精力。

李嘉诚十分诚恳地拿一句话奉劝想在工作上有所作为的人：你应该随时随地地去加强你的信用。一个人要想加强自己的信用，并非心里想着就能实现，他一定要有坚强的决心，以努力奋斗去实现。只有实际的行动才能实现他的志愿，也只有实际的行动才能使他有所成就。换言之，要获得人们的信任，除了一个人人格方面的基础外，还需要实际的行动。

辑三　换一个形象　在形象上干干净净，在内心中清清白白

Part 3
心量狭小，则多烦恼；心量广大，则无烦恼

人的心就像杯子，杯子大小不同，有的可以装得下一片汪洋，有的装不下一点阳光。

无论是豁达大度还是小肚鸡肠，每个人都有自己的生活方式。只是我们是否发现，盛得下汪洋的人，总是散发出无比的魅力，让所有的人都想靠近；而装不下阳光的人，不仅别人想要远离，连他自己恐怕也不会快乐。

有大心量的人，才能铸造大格局

我们的心就像一个容器，你的容器有多大，能承载多少，将决定你能做多少事，成就多大的事业。如果我们的心只有一个杯子大小，那么最多只能容下一杯子水。换言之，若是我们将心中的杯子变成一个水池，是不是就能容下更多的水？再变成一条河流，变成一片海洋……即"海纳百川，有容乃大"。

做人，只要有一种看透一切的格局，就能做到豁达大度；把一切都看

作"没什么"，才能在慌乱时，从容自如；忧愁时，增添几许欢乐；艰难时，顽强拼搏；得意时，言行如常；胜利时，不醉不昏。只有如此放得开的人，才是豁达大度之人。

麦金利任美国总统时，任命某人为税务主任，但为许多政客所反对，他们派遣代表进谒总统，要求总统说出派那个人为税务主任的理由。为首的是一位国会议员，他身材矮小，脾气暴躁，说话粗声恶气，开口就给总统一顿难堪的讥骂。如果换成别人，也许早已气得暴跳如雷，但是麦金利却视若无睹，不吭一声，任凭他骂得声嘶力竭，然后才用极温和的口气说："你现在怒气应该可以平和了吧？照理你是没有权力这样责骂我的，但是，现在我仍愿详细解释给你听。"

这几句话把那位议员说得羞惭万分，但是总统不等他道歉，便和颜悦色地说："其实我也不能怪你。因为我想任何不明就里的人，都会大怒若狂。"接着他把任命理由解释清楚了。

不等麦金利总统解释完，那位议员已被他的大度所折服。他懊悔不该用这样恶劣的态度责备一位和善的总统，他满脑子都在想自己的错。因此，当他回去报告抗议的经过时，他只摇摇头说："我记不清总统的解释，但有一点可以报告，那就是——总统并没有错。"

同样是一颗心，有的人心中能容下一座山或是一片海，有的人心中却只能装下一己私利、一己悲欢。心有多大，世界就有多大，有大心量之人，方能够铸造大格局，有大格局者，方能够成就大气候！若是你的心还不够大，那么就用你的经历与勇气去把它撑大吧。

辑三　换一个形象　在形象上干干净净，在内心中清清白白

成大事者不恤耻，成大功者不小苛

　　孔子说："君子成人之美，不成人之恶。小人反是。"在中国几千年的历史文化中，成人之美俨然已经成为有德之人倍加推崇的一项做人准则，在古代的君子们看来，"美事"未必非我不可，成他人之美亦是成我之美，而"成人之恶"则是一种罪大恶极的行为，誓为君子所不容。

　　君子之所以能够成人之美，是因为他们有着与人为善的宽阔胸怀，把别人的成功当成自己的成功，把别人的快乐当成自己的快乐。不成人之恶，是因为君子爱人以德，不愿看到别人受难遭殃，不愿看到别人落水翻船的不幸。而小人就不这样，总是喜欢成人之恶，不愿成人之美。比如别人落水，他就高兴；别人成功、快乐，他就满肚子的忌妒、怨恨，甚至背后搞小动作，造谣中伤，这种君子和小人截然不同的分别，归结到一点，就是心态和思想境界的不同。

　　所谓君子成人之美，就是真正的有德之人，行事并不拘泥于世俗的条条框框，只要是有好结果的事情，他都会去竭力促成。这样的人，在人格得到升华的同时，亦会获得意想不到的收获。

　　公元前598年，楚庄王率领军队伐郑得胜，天下太平。楚庄王兴高采烈地设宴招待大臣，庆祝征战胜利，并赏赐功臣。

　　文武百官都在邀请之列，只见席中觥筹交错，热闹异常。到了日落西山，大家似乎还没有尽兴。楚庄王便下令点上烛火，继续开怀畅饮，并让

自己最宠幸的许姬来到酒席上，为在座的宾客斟酒助兴。文武官员都已经喝得差不多了，见到许姬的美貌，便忍不住多看几眼，有些人就动了心。

突然，外面一阵大风吹来，宴席上的烛火熄灭了。黑暗之中有人伸手扯住许姬的衣裙，抚摸她的手。许姬一时受到惊吓，慌乱之中，用力挣扎，不料正抓住那个人的帽缨。她奋力一拉，竟然扯断了。她手握那根帽缨，急急忙忙走到楚庄王身边，凑到大王耳边委屈地说："请大王为妾做主！我奉大王的旨意为下面的百官敬酒，可是不想竟有人对我无礼，乘着烛灭之际调戏我。"

楚庄王听后，沉默不语。许姬又急又羞，催促他："妾在慌乱之中抓断了他的帽缨，现在还在我手上，只要点上烛火，是谁干的自然一目了然！"说罢，便要掌灯者立即点灯。

楚庄王赶紧阻止，高声对下面的大臣说："今日喜庆之日难得一逢，寡人要与你们喝个痛快。现在大家统统折断帽缨，把官帽放置一旁，毫无顾忌地畅饮吧。"

众大臣见大王难得有这样的好心情，都投其所好，纷纷照办。等一会儿点烛掌灯，大家都不顾自己做官的形象，拉开架势，尽情狂欢。后来人们将这场宴会叫"绝缨会"。

许姬对楚庄王的举措迷惑不解，仍然觉得委屈，便问："我是您的人，遇到这种事情，您非但不管不问，反而还替侮辱我的人遮丑，您这不是让别人耻笑吗？以后怎么严肃上下之礼呢？妾心中不服！"

楚庄王笑着劝慰说："虽然这个人对你不敬，但那也是酒醉后出现的狂态，并不是恶意而为。再说我请他们来饮酒，邀来百人之欢喜，庆祝天下太平，又怎么能扫别人兴呢？按你说的，也许可以查出那个人是谁。但如果今日揭了他的短，日后他怎么立足呢？这样一来，我不就失去了一个得力助手吗？现在这样不是很好吗？你依然贞洁，宴会又取得了预期的目

辑三　换一个形象　在形象上干干净净，在内心中清清白白

的，那人现在说不定也如释重负。"

许姬觉得庄王说得有理，考虑得也很周全，就没有再追究。

几年后，楚国讨伐郑国。主帅襄老手下有一位副将叫唐狡，毛遂自荐，愿意亲自率领百余人在前面开路。他骁勇善战，每战必胜，出师先捷，很快楚军就得以顺利进军。楚庄王听到这些好消息后，要嘉奖唐狡的战绩。唐狡站在庄王面前，腼腆地说："大王昔日饶我一命，我唯有以死相报，不敢讨赏！"

楚庄王疑惑地问："我何曾对你有不杀之恩？"

"您还记得'绝缨会'上牵许姬手的人吗？那个人就是我呀！"

须知，世无完人，所以他人有过，我们没有必要苛责，更不能求全责备，以短盖长。只有这样，才会让许多有才能、有个性的人团结在你的周围，帮助你成就事业。

当然，我们成人之美固然可以得到对方的回报，但若是因为自己帮助了别人而加以轻视，甚至想凌驾于他人之上，那么"成人之美"也就失去了最初的意义。

宽容大度，以德报怨

看人生，自己走路非常关键。而给别人留条路，更会显得大度，彰显人心的敞亮，更能体味人世间相互关照的温暖。

晋朝的朱冲，是陇西历史上有所记载的一位安贫乐道、隐逸不仕的高

人。他年轻时就注重修养德行，娴静寡欲，好钻研经典。朱冲的家里比较穷，一直以耕田种地为生，但是他品行端正，为人豁达，厚德载物。

有一次，邻居家里丢失了一头小牛，就到处去找，结果看到朱冲家里的小牛和自己丢失的小牛长得很像，就以为是自己的，把牛牵回家里去。朱冲也没有争辩。后来，邻居在一片树林里找到了自己丢失的小牛，这才知道原来牵回的牛是朱冲的，他非常惭愧，就主动把牛还给了朱冲。

村子里还有一户人家，平时爱逞强称霸，蛮横无理。有一次，他家的牛跑出来吃了朱冲田里的庄稼，朱冲发现后把牛牵还给那户人家，既不生气也不责骂，只是好言劝他把牛关好。但过了几天，那头牛又跑到朱冲的田里吃庄稼，朱冲又像上次一样把牛牵还给那户人家。之后又反反复复发生了好几次类似的情况，朱冲始终和和气气。结果这户人家被朱冲的大度所感化，深深地自责起来，以后再也不在村里横行霸道了。

后来，朝廷下了诏书，召朱冲前去做博士。朱冲以身体不佳为由，推托不去，遂隐居到深山之中。他的隐居之处毗邻羌戎等少数民族地区，那里的羌人和戎人有感于朱冲的仁者之风，对他如君主一般敬奉。

人活于世，谁也不能避免遭人误解，难免会受点委屈，倘若我们能够将心放宽一些，以情动之，以德报怨，便可化矛盾于无形，我们的人生亦会少去很多烦恼。

做人做事，不要睚眦必报，要把目光放远一些。

辑三　换一个形象　在形象上干干净净，在内心中清清白白

Part 4
吝啬鬼永远处在不快乐中，真心给予方得快乐

　　世上最空虚的，就是那些满脑子装着自己的人，等到自私的幸福变成了人生唯一的目标之后，人生也就变得没有目标了。如果你在任何时候，任何地方，你一生中留给人们的都是些美好的东西，以及别人对你的非常美好的回忆，那时你就会感到所有的人都需要你，这种感觉使你成为一个心灵丰富的人。你要知道，给永远比拿愉快。

人在被别人需要时，才能体现生命最大的价值

　　在这个世界上，我们每个人都扮演着很多不同的角色：我们是父母、是爱人、是儿女、是友人……所有人都应该极尽所能扮演好这些角色，对社会做不求回馈的奉献。或许你的能力有限，但依然可以用物质的、精神的种种能力，去奉献一个人、两个人，当你被越来越多的人所需要时，你会感觉生命非常充实，因为你体现了价值，同时你也会感悟到生命的意义。

看看下面这个故事，你将知道自己应该怎样去经营生命。

在阿迪河畔住着一个磨坊主，他是英格兰最快乐的人。他从早到晚总是忙忙碌碌，生活虽然艰难，但他仍然每天像云雀一样欢快地歌唱。他乐于助人，他的乐观豁达带动了整个农场，以至于人们能从很远的地方听到从农场里传出的欢声笑语。这一带的人遇到烦恼总喜欢用他的方式来调节自己的生活。

这个消息传到国王耳朵里，国王想，一个平民怎么有那么多欢乐？国王决定拜访这个磨坊主。国王走进磨坊后就听到磨坊主在唱："我不羡慕任何人，只要有一把火我就会给人一点热；我热爱劳动，我有健康的身体和幸福的家庭；我不需要任何人的施舍，我要多快乐就有多快乐。"国王说："我羡慕你，如果我能像你一样无忧无虑，我愿意和你换个位置。"磨坊主说："我肯定不换。你只知道需要别人，而从不考虑别人需要你什么。我自食其力，因为我的妻子需要我照顾，我的孩子需要我关心，我的磨坊需要我经营，我的邻居需要我帮助。我爱他们，他们也很爱我，这使我很快乐。"国王说："你还需要什么？"磨坊主说："我希望别人更多地需要我。"国王说："不要再说了，如果有更多的人像你一样，世界有多么美好啊！"

故事到这里还没有结束。200年以后，国王与磨坊主又一次相遇了，只不过这时的他们都已转世轮回，磨坊主因为希望被更多的人所需要，转世做了露珠，滋润万物，而国王只知道需要别人，这一世他做了个乞丐。

那一天，乞丐很早便出门了，当他把米袋从右手换到左手，正要吹一下手上的灰尘时，一颗大而晶莹的露珠掉到了他的掌心上。

乞丐看了一会儿，将手掌递到唇边，对露珠说：

"你知道我将要做什么吗？"

"你将会把我吞下去。"

辑三　换一个形象　在形象上干干净净，在内心中清清白白

"看来你比我更可怜，生命操纵在别人手中。"

"你说错了，我的思想里没有'可怜'这两个字。我曾经滋润过一朵很大的丁香花蕾，并让它美丽地绽放，为这世间增添了一抹艳丽。现在我又将滋润另一个生命，这是我最大的快乐和幸福，我此生无悔。"

生命的意义是什么？这个故事给了我们答案：不是金钱、不是情欲、不是一切身外之物，而是被需要。这是生命的幸福快乐之源。它使我们在实现社会价值和个人价值的同时，超脱了私欲纠缠，进入高贵状态。

需要是一种索取，被需要则意味着忘我的付出，但我们生命本身不会因为"付出"而削弱，反而我们给予得越多，得到也会越多。许多人被我们铭记于心，流芳百世，就是因为他们奉行了"最大的需要是被需要"这一生命原则。我们刻意去追求价值，却不知生命的价值只有在满足别人或社会的某种需求时，才会被无限放大。

给予不为回报，可以得到幸福

当"给予"一词出现时，获得也就应运而生了。给予与获得是一对双胞胎兄弟，世间的一切有了给予，相应就存在获得，当给予彻底消失时，获得也就不复存在了。

人人都想获得，却往往忽视了这样一个真理——有付出才会有回报！若是将获得比作浩瀚宇宙中一颗璀璨绚丽的明星，那么，给予便是通天之梯，只有爬上这座梯桥，才能伸手摘下星星。正所谓"一分耕耘一分收

获"，当你真正懂得了给予，获得才会伸展开它看似吝啬的翅膀，向我们飞来。

日已西沉，一个贫穷的小男孩因为要筹够学费，而逐户做着推销，此时，筋疲力尽的他腹中一阵作响。是啊，已经一天没吃东西了！小男孩摸摸口袋——那里只有1角钱，该怎么办呢？思来想去，小男孩决定敲开一家房门，看能不能讨到一口饭吃。

开门的是一位年轻美丽的女孩子，小男孩感到非常窘迫，他不好意思说出自己的请求，临时改了口，讨要一杯水喝。女孩见他似乎很饥饿的样子，于是便拿出了一大杯牛奶。小男孩慢慢将牛奶喝下，礼貌地问道："我应该付多少钱给您？"女孩答道："不需要，你不需要付一分钱。妈妈时常教导我们，帮助别人不应该图回报。"小男孩很感动，他说："那好吧，就请接受我最真挚的感谢吧！"

走在回家的路上，小男孩感到自己浑身充满了力量，他原本是打算退学的，可是现在他似乎看到上帝正对着他微笑。

多年以后，那位女孩得了一种罕见的怪病，生命危在旦夕，当地医生爱莫能助。最后，她被转送到大城市，由专家进行会诊治疗。而此时此刻，当年那个小男孩已经在医学界大有名气，他就是霍华德·凯利医生，而且也参与了医疗方案的制订。

当霍华德·凯利医生看到病人的病历资料时，一个奇怪的想法、确切地说应该是一种直觉涌上了心头，他直奔病房。是的！躺在病床上的女人，就是曾经帮助过自己的"恩人"，他暗下决心一定要竭尽全力治好自己的恩人。

从那以后，他对这个病人格外照顾，经过不断努力，手术终于成功了。护士按照凯利医生的要求，将医药费通知单送到他那里，他在通知单上签了字。

辑三　换一个形象　在形象上干干净净，在内心中清清白白

而后，通知单送到女患者手中，她甚至不敢去看，她确信这可恶的病一定会让自己一贫如洗。然而，当她鼓足勇气打开通知单时，她惊呆了。只见上面写着：医药费——一满杯牛奶——霍华德·凯利医生。

举手之劳暖人心，助人为乐获幸福

一个刮着北风的寒冷夜晚，路边一间旅馆迎来了一对上了年纪的客人，他们的衣着简朴而单薄，看来他们非常需要一个温暖的房间和一杯热水，但不幸的是这间小旅店早就客满了！领班罗比看了他们一眼，冷冷地说："这里没有多余的房间了，快走吧！"

"这已是我们寻找的第16家旅社了，这鬼天气，到处客满，我们怎么办呢？"这对老夫妻望着店外阴冷的夜晚发愁。

店里的一个小伙计不忍心这对老年客人受冻，便建议说："如果你们不嫌弃的话，今晚就住在我的床铺上吧，打烊时我在店堂打个地铺就可以了。"

老年夫妻非常感激，第二天要付客房费，小伙计坚决拒绝了。临走时，老年夫妻开玩笑似的说："你经营旅店的才能真够得上当一家五星级酒店的总经理。"

"那敢情好！起码收入多些可以养活我的老母亲。"小伙计随口应和道，哈哈一笑。

没想到两年后的一天，小伙计收到一封寄自纽约的来信，信中夹有一

张来回纽约的双程机票，信中邀请他去拜访当年那对睡他床铺的老夫妻。

小伙计来到繁华的大都市纽约，老年夫妻把小伙计引到第五大街与三十四街交会处，指着那儿一幢摩天大楼说："这是一座专门为你兴建的五星级宾馆，现在我们正式邀请你来当总经理。"

年轻的小伙计因为一次举手之劳的助人行为，美梦成真，摇身一变成为五星级饭店的总经理，或许在人们看来有些不可思议，但这就是事实，因为它就是著名的奥斯多利亚大饭店经理乔治·波非特和他的恩人威廉先生之间的真实故事。

还记得韩信和漂母的故事吗？韩信落魄之时，人人都嘲笑他，只有漂母把自己的饭分给他吃。后来，人们眼中的"无用小子"变成了大将军，他以千金回报了漂母的一饭之恩。很多人都热衷于结交富有的人，而鄙视穷困的人，这种做法真的很不可取。

无论如何，帮助别人总是一件不错的事，帮助别人有时就是在帮助你自己，而且，你会发现，济人于危困要比锦上添花更能让你感到快乐，更能让你充满自豪感。

辑四　换一副精神
只要心志不泯，每个人都是奇迹的创造者

　　人们遇到挫折时，会采取各种各样的态度。综合起来，无非是两种态度，一种是对挫折采取积极进取的态度，即理智的态度，这时的挫折激励人追求成功；另一种是采取消极防范的态度，即非理智的态度，这时的挫折使人放弃目标，甚至造成伤害。如果你属于后者，那么势必要改变。人，想立于社会，就必须把自己塑造成器，必须要有那么点精神。

Part 1
过于爽快地承认失败，就不会发现自己已经接近成功

生活中总有磨难出现，有的人不仅仅要承受一种磨难，但是让人极度讨厌的厄运也有它的"致命弱点"，那就是它不会持久存在。所以任何时候，都不要因为厄运而妥协，厄运不会时时伴随你，阴云之后的阳光很快就会来临。

熬过失败的苦难，才能品尝成功的甘甜

失败有泪水，坚持有泪水，成功也有泪水，但是这些泪水都是不一样的，或苦，或涩，或甜。只有品尝过了苦涩的，才能尝到甘甜的。其实，每一次失败，都是意味着下一个成功的开始；每一次的磨难带来考验，都会给我们带来一分收获；每一次流下的泪水，都有一次的醒悟；每一份坎坷，都有生命的财富；每一次折腾出来的伤痛，都是成长的支柱。人活着，不可能一帆风顺，想成功就必然会经历一些挫折，而最终的结果，则取决于我们对待失败的态度。

辑四　换一副精神　只要心志不泯，每个人都是奇迹的创造者

美国人希拉斯·菲尔德先生退休的时候已经积攒了一大笔钱，足够过上富裕的日子。然而这时他又突发奇想，想在大西洋的海底铺设一条连接欧洲和美国的电缆。随后，他就全身心地开始推动这项事业。

菲尔德先生首先做了一些前期的基础性工作，包括建造一条1000英里长，从纽约到纽芬兰圣约翰的电报线路。纽芬兰400英里长的电报线路要从人迹罕至的森林中穿过，再加上铺设跨越圣劳伦斯海峡的电缆，整个工程十分浩大。菲尔德使尽浑身解数，总算从英国得到了资助。随后，菲尔德的铺设工作就开始了。电缆一头搁在停泊于塞巴斯托波尔港的英国旗舰"阿伽门农"号上，另一头放在美国海军新造的豪华护卫舰"尼亚加拉"号上。没想到，就在电缆铺设到5英里的时候，它突然卷到了机器里面，被切断了。

第一次尝试失败了，菲尔德不甘心，又进行了第二次试验。试验中，在铺好200英里长的时候，电流中断了，船上的人们在甲板上焦急地踱来踱去，好像死神就要降临一样。就在菲尔德先生准备放弃这次试验时，电流又神奇地出现了，一如它神奇地消失一样。夜间，船以每小时4英里的速度缓缓航行，电缆的铺设也以每小时4英里的速度进行。这时，轮船突然发生了一次严重倾斜，制动闸紧急制动，电缆又被割断了。

但菲尔德并不是一个在失败面前容易低头的人。他又购买了700英里长的电缆，而且还聘请了一个专家，请他设计一台更好的机器。后来，在英美两国机械师的联手下才把机器赶制出来。最终，两艘军舰在大西洋上会合了，电缆也接上了头；随后，两艘船继续航行，一艘驶向爱尔兰，另一艘驶向纽芬兰。在此期间，又发生了许多次电缆被割断和电流中断的情况，两艘船最后不得不返回爱尔兰海岸。

在不断失败面前，参与此事的很多人一个个都泄了气；公众舆论也对此流露出怀疑的态度；投资者也对这一项目失去了信心，不愿意再投资。

这时候，菲尔德先生用他百折不挠的精神和他天才的说服力，使这一项目得以继续进行。菲尔德为此日夜操劳，甚至到了废寝忘食的地步。他决不甘心失败。

　　于是，尝试又开始了。这次总算一切顺利，全部电缆成功地铺设完毕且没有任何中断，几条消息也通过这条横跨大西洋的海底电缆发送了出去，一切似乎就要大功告成了。但就在举杯庆贺时，突然电流又中断了。这时候，除了菲尔德和一两个朋友外，几乎没有人不感到绝望的。但菲尔德始终抱有信心，正是由于这种毫不动摇的信心，使他们最终又找到了投资人，开始了新一轮的尝试。这一次终于取得了成功。菲尔德正是凭着这种不畏失败的精神，才最终取得了一项辉煌的成就。

　　很多成功者在尝试之初难免要遭受一定的失败，这是毫无疑问的，毕竟世界上的事情都不可能是一帆风顺的。那么，同样是失败的尝试，为什么有的人最终成功了呢？原因很简单，那些成功的人在尝试失败之后挺住了，挺住了失败带给他们的苦难，所以最终才能品尝到成功的甘甜，才能感悟到成功带给他们的喜悦泪水。

　　"失败，是走上更高地位的开始。"许多人所以获得最后的胜利，只是受恩于他们对待失败的态度。对于没有遇见过大失败的人，有时他反而不知道什么是大胜利。

辑四　换一副精神　只要心志不泯，每个人都是奇迹的创造者

如果内心认定自己败了，那就永远地败了

任何希望成功的人必须有永不言败的决心，并找到战胜失败、继续前进的法宝。不然，失败必然导致失望，而失望就会使人一蹶不振。

艾柯卡曾任职世界汽车行业的领头羊——福特公司。由于其卓越的经营才能，自己的地位节节高升，直至做福特公司的总裁。

然而，就在他的事业如日中天的时候，福特公司的老板——福特二世却出人意料地解除了艾柯卡的职务，原因很简单，因为艾柯卡在福特公司的声望和地位已经超越了福特二世，所以他担心自己的公司有朝一日会改姓为"艾柯卡"。

此时的艾柯卡可谓是步入了人生的低谷，他坐在不足十平方米的小办公室里思索良久，终于毅然而果断地下了决心：离开福特公司。

在离开福特公司之后，有很多家世界著名企业的头目都曾拜访过他，希望他能重新出山，但都被艾柯卡婉言谢绝了。因为他心中有了一个目标，那就是"从哪里跌倒的，就要从哪里爬起来！"

他最终选择了美国第三大汽车公司——克莱斯勒公司，这不仅因为克莱斯勒公司的老板曾经"三顾茅庐"，更重要的原因是此时的克莱斯勒已是千疮百孔，濒临倒闭。他要向福特二世和所有人证明：我艾柯卡不是一个失败者！

入主克莱斯勒之后的艾柯卡，进行了大刀阔斧的整顿和改革，终于带

领克莱斯勒走出了破产的边缘。艾柯卡拯救克莱斯勒已经成为一个著名的商业案例。

如果你的内心认为自己失败了，那你就永远地失败了。诺尔曼·文森特·皮尔说："确信自己被打败了，而且长时间有这种失败感，那失败可能变成事实。"而如果你不承认失败，只是认为这是人生一时的挫折，那么你就会有成功的一天。

有些人之所以害怕失败，是因为他们害怕失去自信心，其结果他们试图将自己置于万无一失的位置。不幸的是，这种态度也把他们困在一个不可能做出什么杰出成就的位置。

还有的人惧怕失败，是因为他们害怕失去第二次机会。在他们看来，万一失败了，就再也得不到第二个争取成功的机会了。如果这些人都知道，多少著名的成功人士开始都曾失败过，就会给他们增添希望。亨利·福特就曾说过："失败不过是一个更明智的重新开始的机会。"福特本人也有过失败的直接体验。他头两次涉足汽车工业时，以破产失败而告终，但第三次他成功了。福特汽车公司至今仍然充满活力，仍是世界最大汽车生产厂家之一。

要测验一个人的品格，最好是看他失败以后怎样行动。失败以后，能否激发他更多的计谋与新的智慧？能否激发他潜在的力量？是增加了他的决断力，还是使他心灰意冷呢？

失败是对一个人人格的试验，在一个人除了自己的生命以外，一切都已丧失的情况下，内在的力量到底还有多少？没有勇气继续奋斗的人，自认挫败的人，那么他所有的能力，便会全部消失。而只有毫无畏惧、勇往直前、永不放弃人生责任的人，才会在自己的生命里有伟大的进展。

有人或许要说，已经失败多次了，所以再试也是徒劳无益，这种想法真是太自暴自弃了！对意志永不屈服的人，就没有所谓失败。无论成功多么遥远，失败的次数多么多，最后的胜利仍然在他的期待之中。世界上有无数人，已经丧失了他们所拥有的一切东西，然而还不能把他们叫作失败者，因为他们仍然有永不屈服的意志，有着一种坚韧不拔的精神。

屡败屡战，老天都不好意思再为难你

忍耐痛苦比寻死更需要勇气。在绝望中多坚持一下下，终必带来喜悦。上帝不会给你不能承受的痛苦，所有的苦都可以忍耐，事实上，一个人只要具备了坚忍的品质，便可以苦中取乐，若懂得苦中取乐，则必然会苦尽甘来。

在自然界，有什么东西会比石头还硬，又有什么东西会比水还软？然而，水却可以穿石，因为坚持。或许，我们一路走来荆棘遍布；或许，我们的前途山重水复；或许，我们一直孤立无助；或许，我们高贵的灵魂暂时找不到寄宿……那么，是不是我们就要放弃自己？不！我们为什么不可以拿出勇者的气魄，坚定而自信地对自己说一声"再试一次"！再试一次，结果也许就大不一样。

几年前，35岁的普林斯因公司裁员，失去了工作。从此，一家人的生活全靠他打零工挣钱来维持，经常是吃了上顿没下顿，有时甚至一天连一顿饱饭也吃不上。为了找到工作，普林斯一边外出打工，一边到处求职，但所到之处都以没有空缺职位为由，将其拒之门外。然而，普林斯并不因此而灰心。他看中了离家不远的一家名为底特律的建筑公司，于是给公司老板寄去了第一封求职信。信中他并没有将自己吹嘘得如何有才干，也没有提出任何要求。只简单地写了这样一句话："请给我一份工作。"

这家建筑公司的老板约翰逊在收到这封求职信后，让手下人回信告诉普林斯，"公司没有空缺"。但是他仍不死心，又给这家公司老板写了第二封求职信。这次他还是没有吹嘘自己，只是在第一封信的基础上多加了一个"请"字："请请给我一份工作。"此后，普林斯一天给公司写两封求职信，每封信的内容都一样，只是在信的开头比前一封信多加一个"请"字。

3年间，普林斯一共写了2500封信。这最后一封信有2500个"请"字，接着还是"给我一份工作"这句话。见到第2500封求职信时，公司老板约翰逊再也沉不住气了，亲笔给他回信："请即刻来公司面试。"

面试时，公司老板约翰逊愉快地告诉普林斯，公司里有项很适合他的工作：处理邮件。因为他很有写信的耐心。

当地电视台的一位记者获知此事后，专程登门对普林斯进行了采访，问他：为什么每封信都只比上一封信多增加一个"请"字？

普林斯平静地回答："这很正常，因为我没有打字机，只能用手写。每次多加一个'请'字，是想让他们知道这些信没有一封是复制的。"

这位记者还问公司老板，为什么录用了普林斯？

老板约翰逊不无幽默地回答："当你看到一封信上有2500个'请'字时，你能不受感动？"

如果是你，你会不会这样做？也许不会，那你或许就要与成功失之交臂了。

所以，当我们遇到挫折时，请给自己一个信念：马上行动，坚持到底！成功者绝不放弃，放弃者绝不会成功！我们要坚持到底，因为我们不是为了失败才来到这个世界的！所以当你打算放弃梦想时，告诉自己再多撑一天、一个星期、一个月，再多撑一年，你会发现，拒绝退场的结果往往令人惊讶。

其实，这世间最容易的事是坚持，最难的事也是坚持。说它最容易，是因为只要愿意做，人人都能做到；说它最难，是因为真正能做到的，终究是极少数的人。但只要你愿意再试一次，你就有可能达到成功的彼岸！

这做人的道理，就好比堆土为山，只要坚忍下去，终归有成功的一天。否则，眼看还差一筐土就堆成了，可是到了这时，你却歇了下来，一退而不可收拾，也就会功亏一篑，没有任何成果。所以说，只有勤奋上进，不畏艰辛一往无前，才是向成功接近的最好途径。

Part 2
保持澎拜的激情

只有毅力才会使我们成功,而毅力的来源又在于毫不动摇,坚决采取为达到成功所需要的手段。你既然期望辉煌伟大的一生,那么就应该从今天起,以毫不动摇的决心和坚定不移的信念,凭自己的智慧和毅力,去创造你和人类的快乐。

谁能坚持到最后,谁就是最大的赢家

人的一生,是需要用成功来支撑的,可是只有少数人是成功的幸运儿。人们往往虔诚而又谦卑地讨教成功的经验,当知道主要的答案是"坚持"二字时,好多人都叹息自己当初为什么没有坚持呢!譬如,挖掘一口水井,挖了99%,还没有发现泉水,于是自己就放弃了,那么过去的努力也白费了。

古希腊大哲学家苏格拉底,有一天对学生说:"今天,我们只学习一

辑四　换一副精神　只要心志不泯，每个人都是奇迹的创造者

件最简单的事，也是最容易做的事，那就是把你们的手臂尽量往前甩，再尽量往后甩。"在自己示范了一遍以后说："是不是很简单？但是，从现在开始，大家每天都做300次。"学生们感到这个问题太可笑了，纷纷猜测老师下一步到底要干什么，见他没有其他目的后，就马上连声回答："能、能！"一个月后，苏格拉底问："哪些同学坚持做了？"这时有90%以上的学生骄傲地举起了手。两个月后，当他再次发问，能够坚持下来的只有80%。到一年后，他再次问道："还有哪些同学坚持每天做？"教室里只有一个同学举起了手。举手的人就是后来成为古希腊大哲学家的柏拉图。

我们都知道，万事开头难。的确，好的开始等于成功了一半。但是，行动最重要的还在于持之以恒，不能开始了一点点，虎头蛇尾就完了，半途而废的人最终不会做成任何事情。

一件事从头到尾，也许过程并不会非常顺利，可能其间会遇到一些困难、挫折，也许由于你个人的原因导致事情被耽搁、被延误。这时候，你是打算继续回来把它做下去，还是做到哪里算哪里，就这么算了呢？

其实很多时候，很多的人总是在做下去还是放弃之间摇摆不定。一件小事，可能就会成为横亘在我们面前的艰难抉择。

下面是从一个企业老板的自传中节选的一段话：

"三年前，我怀揣梦想只身来到这个人海茫茫的大都市，想开创一份能够给我带来激情的事业，但是因为缺乏经验，缺乏独当一面的能力，我在相当长的时间内仅仅是做着距我的理想很遥远的工作，而且是那种仅仅为了解决温饱而做的工作。我曾经非常沮丧灰心，甚至焦虑得整晚睡不着觉，不知道自己在这里孤身一人、饱尝孤独和艰辛是为了什么，不知道这

种坚持值不值得。'放弃'这个词无数次出现在我的脑海里,一次次削弱我的斗志。这样的思想斗争现在看起来不算什么,可是在当时的确算得上是艰苦卓绝,从不断地怀疑自己到渐渐地树立起自信,这个过程是非常痛苦的。还好,我没有灰心,终于走了过来,坚持了下来,并真正找到了自己的价值。"

其实,很多事情,只要往前跨一步就是成功,关键就在于你肯不肯坚持这关键的一步。摆在我们人生面前的路总是很多条的,如果你选择了一条你认为正确并有兴趣走下去的路,那么,无论这条道路是荆棘还是泥泞,你都应该义无反顾地走下去,这就是坚持的精神。

谁能够坚持到最后,谁就是最大的赢家。一般来说,笑到最后的人,也是笑得最开心的人。因为坚持,他得到了他想要的人生。

哪怕是把想象坚持到底,也会获得成功

在困境中坚持不懈是逆商的精华所在。这种坚持的力量是一种即使面临失败、挫折仍然继续努力的能力。在人生的旅程中,这种力量不仅体现在对事业的追求,而且同样体现在对一种精神的追求上。在很多情况下,这种追求甚至比知识的力量更强大。

一个23岁的女孩子,除了爱想象之外,与别人相比没有什么不同,平常的父母,平常的相貌,上的也是平常的大学。

辑四　换一副精神　只要心志不泯，每个人都是奇迹的创造者

大学的宽松环境让她有了更多的时间去想象，她的脑海中常会出现童话中的情景：穿着白衣裙的芭比娃娃、蔚蓝的天空、绿绿的草地。当然，还有巫婆和魔鬼……他们之间有着许多离奇的故事，她常常动手把这些故事写下来，并且乐此不疲。

在大学里，她爱上了一个男孩，他的举止和言谈真的和童话里的王子一样，他是她想象中的"白马王子"，她很爱他。但是，他却受不了她脑海中那荒唐的不切实际的想法。她会在约会的时候突然给他讲述一个刚刚想到的童话，他烦透了这样"幼稚"的故事。他对她说："天啊，你已经23岁了，但你看来永远都长不大。"他弃她而去。

失恋的打击并没有停止她的梦想和写作。25岁那年，她带着改变生活环境的想法，来到了她向往的具有浪漫色彩的葡萄牙。在那里，她很快找到了一份英语教师的工作，业余时间继续写她的童话。

一位青年记者很快走进了她的生活，青年记者幽默、风趣而且才华横溢。她爱上了他，他们很快步入了婚姻的殿堂。但她的奇思异想让他也无法忍受，他开始和其他姑娘来往。不久，他们的婚姻走到了尽头，他留给她一个女儿。

她经受了生命中最沉重的一击。祸不单行的是离婚不久，她又被学校解聘了。无法在葡萄牙立足的她只得回到了自己的故乡，靠社会救济金和亲友的资助生活。但她还是没有停下写作，现在她的要求很低，只是把这些童话故事讲给女儿听。

终于有一次，她在英格兰乘地铁，她坐在冰冷的椅子上等晚点的地铁到来，一个人物造型突然涌上心头。回到家，她铺开稿纸，多年的生活阅历让她的创作热情一发不可收拾。

她的长篇魔幻故事《哈利·波特》问世了，并不看好这本书的出版商

出版了这本书，没想到，一上市就畅销全国，达到了数百万册之巨，所有人都为此感到吃惊。

她的名字叫乔安娜·凯瑟琳·罗琳，她被评为"英国在职妇女收入榜"之首；被美国著名的《福布斯》杂志列入"100名全球最有权力的名人"，名列第25位。

每个人都会有想象，但想象最终总被岁月无情地夺去，只留下苍白而又简单的色彩。在这个世俗而又讲求物质的社会中，人们总是认为梦想与成功之间的距离遥不可及。其实并不是如此，成功与失败的分水岭其实就是能否把自己的想象坚持到底。哪怕只是想象，只要坚持到底，也会获得成功。

当专注成为一种习惯，就能成功

有人问一位成功学家："你觉得大学教育对于年轻人的将来是必要的吗？"这位成功学家的回答发人深省：

"单单对经商而言不是必需的。商业更需要的是高度负责精神。事实上，对于许多年轻人来说，大学教育意味着在他们应当培养全力以赴的工作精神时，被父母送进了校园。进了大学就意味着开始了他一生中最惬意、最快活的时光。当他走出校园时，年轻人正值生命的黄金时期，但此时此刻他们往往很难将自己的身心集中到工作上，结果眼睁睁地看着成功机会从身边溜走，真是很可惜啊。"

遗憾的是，无论我们从事什么行业，无论到什么地方，总是能发现许多投机取巧、逃避责任、寻找借口的人，他们不仅缺乏一种神圣使命感，而且缺乏对人生意义的理解。对工作高度负责的态度，表面上看起来是有益于公司，有益于老板，但最终的受益者却是自己。

美国石油巨头洛克菲勒，原来只是一家石油公司的小职员。而且，他所做的工作是最低档、最机械、最没有创造性的巡视并确认储油罐盖有没有自动焊接好。

他每天都要上千次地注视着这种作业，注视到眼睛都快长茧子了，真是枯燥至极。

也行，这项工作如果是别人来做，要不就会很快跳槽，要不就可能一直做到老死在机器旁边。细心的洛克菲勒却因这项工作成了大富翁。

有一次，他突然发现石油罐子每旋转一次，焊接剂滴落39滴，焊接工作便结束了。

此后，他一直在想：焊接剂能否少一些呢？如果能将焊接剂减少一两滴，是不是能节省点儿成本？

他开始对这个当时被认为无聊的问题进行了长期的观察和研究。

不久后，他研制出"35滴型焊接机""36滴型焊接机"和"37滴型焊接机"。但经过先后试用，都在焊接后偶尔会漏油，没有获得成功。人们都劝他不要吃饱饭没事干，如果闲着，不如下班后去做兼职。然而洛克菲勒并没有因此而退缩，又研制出"38滴型焊接机"。经过试用后，意外地成功了。不久后，他申请了专利，并找人投资生产出这种新型的节约能源的机器。

洛克菲勒节省的只是一滴焊接剂，但"一滴"却给公司带来了每年上亿美元的利润。这也使他后来终于成了美国著名的石油巨头。

当我们将专注变成一种习惯时，就能从中学到更多的知识，积累更多的经验，就能从中挖掘到成功和财富。或许，这种习惯有时不能取得立竿见影的效果，但可以肯定的是，当"不专注"成为一种习惯时，这个人是绝无可能出类拔萃的。工作上投机取巧也许只给你的老板带来一点点的经济损失，但是却可以毁掉你的一生。

辑四　换一副精神　只要心志不泯，每个人都是奇迹的创造者

Part 3
拿出胆量来！谁胆怯，谁就要受折磨

这世界上有一种人不会有大出息，就是那些树叶掉下来都怕砸脑袋的胆小鬼。诚然，谨慎没有什么不好，但太过谨慎，做什么事都如履薄冰、战战兢兢，不具备丝毫挑战的勇气，就会失去改变命运的机遇。

如果我们不敢去冒风险，那就只能看着机会溜走

年轻的医生经过长期的学习和研究，他碰到了第一次复杂的手术。主治医生不在，时间又非常紧迫，病人处在生死关头。他能否经得起考验，他能否代替主治大夫的位置和工作？机会和他面面相对。他是否敢拿稳手术刀自信地走向手术台，走上幸运和荣誉的道路？这都必须要他自己做出回答。

在人生的路上，我们也会遇到年轻医生遇到的问题，当重大的时机来临时，你能够勇敢作出决定吗？如果你不能，在机会面前你只会显得手足无措。

拿破仑问那些被派去探测死亡之路的工程技术人员："从这条路走过去可能吗？""也许吧。"回答是不够肯定的，"它在可能的边缘上。""那么，前进！"拿破仑不理会工程人员讲的困难，下了决心。

出发前，所有的士兵和装备都经过严格细心的检查。开口的鞋、有洞的袜子、破旧的衣服、坏了的武器，都马上修补和更换。一切准备就绪，然后部队才前进。统帅胜券在握的精神鼓舞着战士们。

战士们出现在阿尔卑斯山高高的陡壁上，在高山的云雾中若隐若现。每当军队遇到意料不到的困难的时候，雄壮的冲锋号就会响彻云霄。尽管在这危险的攀登中到处充满了障碍，但是他们一点不乱，也没有一个人掉队！4天之后，这支部队就突然出现在意大利平原上了。

当这"不可能"的事情完成之后，其他人才意识到，这件事其实是可以办到的。许多统帅都具备必要的设备、工具和强壮的士兵，但是他们缺少尝试的勇气和信心，缺少敢闯敢干的心态。而拿破仑不怕困难，在前进中精明地抓住了自己的时机。

善于为自己找托词的人把失败归罪于没有机会，但无数成功的事例告诉我们：机会掌握在自己手中。当机会到来的时候，你要果断地抓住它，只要义无反顾地遵从自己的心，勇于创造机会，从容面对挑战，你就会像那些屹立在阿尔卑斯山上的士兵一样，傲然屹立于自己的人生顶峰。

许多人学识渊博，技术高超，脑子灵活，点子多，但就是富不起来，其原因则是他们缺乏胆量、不敢冒险。明明看准了的机遇，却不敢下决心去干，明明想好的点子，却不敢付诸实践。总是犹犹豫豫，优柔寡断，前怕狼后怕虎，最终想得多，干得少，成了思想的巨人、行动的矮子，这种人也是注定成功不起来的。

辑四　换一副精神　只要心志不泯，每个人都是奇迹的创造者

人生如果不大胆地冒险，便会错过机遇

在这个世界上，有人会待在洞穴里，把未知的明天当作威胁，有人会攀到树梢上，把可能的威胁视为机遇；有人在给自己灌输胆怯，因为他不知道自己需要见证卓越，有人会给困难回以不屑，因为他知道自己正活出真切。一个人，只有摆脱洞穴里的懦弱的影子，扯断枷锁捆绑的懦弱，最终才能够赢得这个世界。

其实，每个人都有一个好运降临的时候不能领受，但他若不及时注意或竟顽固地抛开机遇，那就并非机缘或命运在捉弄他，这要归咎于他自己的疏懒和荒唐，这样的人最应抱怨的其实是自己。

如今，从市值上看，苹果电脑公司已经成为超级企业。一直以来，大家都只知道已故的乔布斯先生是苹果公司的创始人，其实在30多年前，他是与两位朋友一起创业的，其中一名叫惠恩的搭档，被美国人称为"最没眼光的合伙人"。

惠恩和乔布斯是街坊，两个人从小都爱玩电脑。后来，他们与另一个朋友合作，制造微型电脑出售。这是既赚钱又好玩的生意。所以三个人十分投入，并且成功地制造出了"苹果一号"电脑。在筹备过程中，他们用了很多钱。这三位青年来自中下阶层家庭，根本没有什么资本可言，于是大家四处借贷，请求朋友帮忙。三个人中，惠恩最为吝啬，只筹得了相当于三个人总筹款的十分之一。不过，乔布斯并没有说什么，仍成立了苹果

电脑公司,惠恩也成为了小股东,拥有了苹果公司十分之一的股份。

"苹果一号"首次出台大受市场欢迎,共销售了近10万美元,扣除成本及欠债,他们赚了4.8万美元。在分利时,虽然按理惠恩只能分得4800美元,但在当时这已经是一笔丰厚的回报了。不过,惠恩并没收取这笔红利,只是象征性地拿了500美元作为工资,甚至连那十分之一的股份也不要了,便急于退出苹果公司。

当然,惠恩不会想到苹果电脑后来会发展成为超级企业。否则,即使惠恩当年什么也不做,继续持有那十分之一的股份,到现在他的身价也足以达到10亿美元了。

那么,当年惠恩为什么会愿意放弃这一切呢?原来,他很担心乔布斯,因为对方太有野心,他怕乔布斯太急功近利,会使公司负上巨额债务,从而连累了自己。

惠恩在放弃与乔布斯一起合作的同时,也就宣告与成功及财富擦肩而过了。可以说,这件事给像惠恩一样胆小怕事的人深深上了一课,它在毫不掩饰地嘲笑那些没有胆量的人:你不富有,因为你不配拥有!只有那些敢于承担风险去折腾的人,才能比别人获得更多的额外机会!

机遇对于每个人来说都是平等的,问题是,它来了,你又在做什么、想什么?你是不是只看到了其中的危机,然后畏首畏尾无所作为呢?危机,对于胆大的人来说,是避开危后的财富机会,而对胆小的人来说,则眼睛只会看到危险,白白浪费和错过机遇。这个社会虽然很复杂,但机会对每一个普通百姓来说其实是平等的。

我们身边每天都会围绕着很多的机会,包括爱的机会。可是我们经常因为害怕而停止了脚步,结果机会就这样偷偷地溜走了。此刻,在你的生命里,你想做什么事,却没有采取行动;你有个目标,却没有着手开始;你想对某人表白,却没有开口;你想承担某些风险,却没有去冒险……这些，恐怕多得连你自己都数不清吧？也许一直以来你都在渴望做这些事，却一直耽搁下来，是什么因素阻止了你？是你的恐惧！恐惧不只是拉住你，还会偷走你的热情、自由和生命力。是的，你被恐惧控制了决定和行为，它在消耗你的精力、热忱和激情，你被套上了生活中最大的枷锁，就是活在长期的恐惧里——害怕失败、改变、犯错、冒险，以及遭到拒绝。这种心理状态，最终会使你远离快乐，丢失梦想，丧失自由。

了不起的，常是那些愿意冒险的人

冒险是每个人都无法逃避的生存法则，在我们的成长经历中，要经过无数次的冒险：幼儿时期，我们敢冒险地站起来学走路；年纪稍长时，冒险学骑自行车；如果有条件，有人还冒险学开汽车、学游泳、学跳伞……那些成功的人，都是靠着挑战他人所畏惧的事物才得以出人头地的，勇气是他们精神的后盾。成功与财富，甚至你想拥有的每一样东西，每一项技能都不是与生俱来的，要得到这些，一定要经过冒险的阶段，并发挥"越失败，越勇敢"的精神，尝试，再尝试，才可能获得。

面对机遇与风险的抉择，聪明人从来不会放弃搏击的机会，在"无利不求险，险中必有利"的商战中更是如此。洛克菲勒当然更是深谙此中之道，他曾说："我厌恶那些把商场视为赌场的人，但我不拒绝冒险精神，因为我懂得一个法则：风险越大，收益越高。"是的，"富贵险中求"，谁也避免不了。风险和回报是成正比的，要想成为一个成功的人，没有一点冒险精神是不行的。

在投资石油工业前,洛克菲勒的本行——农产品代销正做得有声有色,继续经营下去完全有望成为大中间商。但这一切都被他的合伙人安德鲁斯改变了。安德鲁斯是照明方面的专家,他对洛克菲勒说:"嘿,伙计,煤油燃烧时发出的光亮比任何照明油都亮,它必将取代其他的照明油。想想吧,那将是多么大的市场,如果我们的双脚能踩进去,那将是怎样一个情景啊!"

洛克菲勒明白,机会来了,放走它就会削弱自己在致富竞技场上的力量,留下遗憾。于是毅然决然地告诉安德鲁斯:"我干!"于是他们投资4000美元,做起了炼油生意。尽管那个时候石油在造就许多百万富翁的同时,也在使更多的人沦为穷光蛋。

洛克菲勒从此一头扎进炼油业,苦心经营,不到一年的时间,炼油就为他们赢得了超过农产品代销的利润,成为公司主营业务。那一刻他意识到,是胆量,是冒险精神,为他开通了一条新的生财之道。

当时没有哪一个行业能像石油业那样能让人一夜暴富,这样的前景大大刺激了洛克菲勒赚大钱的欲望,更让他看到了盼望已久的大展宏图的机会。

随后,洛克菲勒便大举扩张石油业的经营战略,这令他的合伙人克拉克大为恼怒。在洛克菲勒眼里,克拉克是一个无知、自负、软弱、缺乏胆略的人,他害怕失败,主张采取审慎的经营策略。但这与洛克菲勒的经营观念相去甚远。"在我眼里,金钱像粪便一样,如果你把它散出去,就可以做很多的事,但如果你要把它藏起来,它就会臭不可闻。"洛克菲勒是这样想的。

克拉克不是一个好的商人,他不懂得金钱的真正价值,已经成为洛克菲勒成功之路上的"绊脚石",必须踢开他,才能实现理想。但是,对洛

辑四　换一副精神　只要心志不泯，每个人都是奇迹的创造者

克菲勒来说，与克拉克先生分手无疑是一场冒险。因为在那个时候，很多人都认为石油是一朵盛开的昙花，难以持久。一旦没有了油源，洛克菲勒的那些投资将一文不值。但洛克菲勒最终还是决定冒险——进军石油业。

后来，洛克菲勒回忆说："我的人生轨迹就是一次次丰富的冒险旅程，如果让我找出哪一次冒险对我最具影响，那莫过于打入石油工业了。"事实证明，洛克菲勒凭着过人的胆识，抱着乐观从容的风险意识，知难而进，逆流而上，赢得了出人意料的成功——他21岁时，就拥有了科利佛兰最大的炼油厂，已经跻身于世界最大炼油商之列。

这种敢于冒险的进取精神是洛克菲勒成功的又一重要因素，他曾告诫自己的儿子说："几乎可以确定，安全第一不能让我们致富，要想获得报酬，总是要接受随之而来的必要的风险。人生又何尝不是这样呢？没有维持现状这回事，不进则退，事情就是这么简单。我相信，谨慎并非完美的成功之道。不管我们做什么，乃至我们的人生，我们都必须在冒险与谨慎之间做出选择。而有些时候，靠冒险获胜的机会要比谨慎大得多。"

今天，我们无所突破，也许不是缺乏克服困难的能力，而是缺乏克服困难的勇气。可能我们今天已经变得木讷而保守，如果是这样，就要重新拾回往日的激情与勇气，激发冒险的本能。一般情况下，风险越大，回报也就越大。因此，勇气的有无和大小，往往是贫穷和富有之间的分界线。

Part 4
伟大的代价就是责任，责任感与机遇成正比

一个人若是没有热情，他将一事无成，而热情的基点正是责任心。人一旦受到责任感的驱使，就能创造出奇迹来。有无责任心，将决定生活、家庭、工作、学习成功和失败。这在人与人的所有关系中也无所不及。

过错是暂时的遗憾，错过却是永远的遗憾

习惯逃避现实的人，永远也无法获得成功。生命中总有这样或那样的挫折，只有勇敢面对，才能真正地享受生活。不管结局怎样，都不要做一个逃避的人。

他相貌平平，毕业于一所毫无名气的专科院校，在来自各个名牌大学顶着硕士、博士光环的应聘者中，他的表现却像是一个麻省理工大学留学生。

尽管他表现得很自信，但面试官还是给了他一个无情的答复：他的专

辑四 换一副精神 只要心志不泯，每个人都是奇迹的创造者

业能力并不足以胜任这个职位。这是事实。

他在得知自己被淘汰出局以后，显得有点失望、尴尬，但这个表情转瞬即逝，他并没有马上离开，而是笑了笑对面试官说："请问，您是否可以给我一张名片？"

面试官微微愣了一下，表情冷冷地，他从内心里对那些应聘失败后死缠烂打的求职者没有好感。

"虽然我不能幸运地和您在同一家公司工作，但或许我们可以成为朋友。"他解释说。

"你这样认为？"面试官的口气中带了一点轻视。

"任何朋友都是从陌生开始的。如果有一天你找不到人打乒乓球，可以找我。"

面试官看了他一会儿，掏出了名片。

那个面试官确实很喜欢打乒乓球，不过朋友们都很忙，他经常为找不到伴儿打球而烦恼。后来，面试官和那个面试者成了朋友。

熟悉了以后，面试官问面试者："你不觉得自己当时提的要求有点过分吗？你当时只是一个来找工作的人，你不觉得你自我感觉太好了点吗？"

他说："我不觉得，在我看来，人与人之间是平等的。什么地位、财富、学历、家世与我而言没有意义。"

面试官笑了，他甚至觉得这个朋友有点酸得可爱，他笑着问："要是当初我不理你，你怎么下台？"

"我可能没法下台，但我不允许自己不去尝试。其实很多人不敢去做一些事情，并不是害怕失败本身，而是失败以后的尴尬，人们觉得这很丢脸。可是，真正丢脸的并不是失败，而是不敢去开始。"

接着他说："大学的时候，我曾经非常喜欢一个女孩，可是我一直害怕被她拒绝，怕她说'你是一个好人……'，如果这样我会无地自容。所

以大学那4年，我只敢远远地看着她，后来我偶然得知，她以前一直对我有好感，只是此时她已经找到了真正的归宿，我错过了本该属于我的幸福！"

"这是我迄今为止最大的遗憾，它是那样令我懊悔、心痛。自此以后，每每怯懦、退缩的念头冒出来时，我就会以此来告诫自己，不要怕可能出现的失败。否则，还是会一次次地错过。现在，我已经可以敢于迎向一切了，不管前面是一个吸引我的女孩，还是万人大会的讲台，我都会毫不迟疑地迎上去，虽然我知道这可能会失败，虽然我知道自己也许还不够资格。"

永远不要认为可以逃避，你所走的每一步都决定着最后的结局。面对，是人生的一种精神状态。想要成为一个什么样的人物，获得什么样的成就，首先就要敢于迎上去，只有面对了才可能拥有。即使最后没能如愿以偿，至少也不会那么遗憾。我们做事，结果固然重要，但过程也同样美丽。

把过错承担起来，坏事也许亦会是好事

人即使再聪明也总有考虑不周的时候，有时再加上情绪及生理状况的影响，就会不可避免地犯错——估计错误、判断错误、决策错误。

人犯了错，一般有两种反应，一种是死不认错，而且还极力辩白。另一种反应是坦白认错。

辑四　换一副精神　只要心志不泯，每个人都是奇迹的创造者

第一种做法的好处是不用承担错误的后果，就算要承担，也因为把其他的人也拖下水而分散了责任。此外，如果躲得过，也可避免别人对你的形象及能力的怀疑。但是，死不认错并不是上策，因为死不认错的坏处比好处多得多。

遗憾的是，偏偏有一些人，从不知道自己有什么过错，甚至把错的也看成是对的。这是不能见其过的人。有一种人，明知自己错了，却甘于自弃，或只在口头上说错了，这是不能内省自讼的人。还有一种人，有错误也能责备自己，却下不了决心改正，这是不能改过的人。

在一次企业季度绩效考核会议上：

营销部门经理 A 说："最近的销售做得不太好，我们有一定的责任，但是主要的责任不在我们，竞争对手纷纷推出新产品，比我们的产品好。所以我们也很不好做，研发部门要认真总结。"

研发部门经理 B 说："我们最近推出的新产品是少，但是我们也有困难呀。我们的预算太少了，就是少得可怜的预算，也被财务部门削减了。没钱怎么开发新产品呢？"

财务部门经理 C 说："我是削减了你们的预算，但是你要知道，公司的成本一直在上升，我们当然没有多少钱投在研发部了。"

采购部门经理 D 说："我们的采购成本是上升了 10%，为什么你们知道吗？俄罗斯一个生产铬的矿山爆炸了，导致不锈钢的价格上升。"

这时，A、B、C、D 四位经理一起说："哦，原来如此，这样说来，我们大家都没有多少责任了，哈哈哈哈。"

人力资源经理 F 说：这样说来，我只能去考核俄罗斯的矿山了。

类似的情况在我们的生活中时有发生，有些人习惯将责任推给主客观原因，总归一句话可以点透："成功者找方法，失败者找理由"，其实与其推卸责任，不如去思考如何解决问题。

诚然，无论做什么事，我们都希望自己是对的。当我们得出正确的结论时，我们会感到特别高兴。但我们应该知道，在人们所做的事情中，很少有人能说哪些事情是百分之百正确或百分之百错误的。然而，不管是在学校也好，公司也好，还是从事政治活动或是在运动场上，我们所有的社会系统都只能容忍我们做出正确的事情。结果很多人都在充满防御的心理下长大，而且学会掩饰自己的错误。

其实，诚实认错，坏事可以变成好事。姑且不论犯错所需承担的责任，不认错和狡辩对自己的形象有强大的破坏性，因为不管你口才如何好，又多么狡猾，你的逃避错误换得的必是"敢做不敢当"之类的评语。最重要的是，不敢承担错误会成为一种习惯，也使自己丧失面对错误、解决问题和培养解决问题能力的机会。所以，不认错的弊大于利。

一个人越敢于担当大任，他的意气越是风发

有两种人绝对不会成功：一种是除非别人要他做，否则绝不会主动负责的人；另一种则是别人即使让他做，他也做不好的人。而那些不需要别人吩咐就能主动做事且韧性十足的人，除非遭遇了什么不可抗因素，否则他们一定会比绝大多数人更卓越。

主动、负责是一种非常强大的力量：它可以使人赢得尊重和信任，从而强化人际关系；它可以使人赢得机会的青睐，从而扭转向下的人生轨迹；更重要的是，它可以改变平庸的生活状态，使一个人变得杰出、

辑四 换一副精神 只要心志不泯，每个人都是奇迹的创造者

优秀。

有一位成绩出色的研究生，刚刚毕业就被分配到了一个火箭研究机构工作。当时，研究所正好接了一个新科研项目——让卫星起旋后再脱离火箭。这个项目非常有难度，此前，国内从未尝试过这种方式，国外倒是有所尝试，但大多以失败收场。

在一次论证会上，有位权威专家提出了一个可行性方案。不过，在"满足入轨精度"的问题上，还需要做进一步论证。这时，整个会场陷入了一片沉默之中。而坐在后排只是负责旁听的他突然说道："可以用计算机计算一下！"一霎时，所有人的目光全部聚集到了他的身上，主持会议的领导当场问他："你来干行不行？"

就这样，原本只是在地面负责"拧螺丝钉"的他一下子成了项目的挑大梁者。过了一年多的时间，卫星按照他编订的方案发射成功。他就是中国航天科技集团副总经理张庆伟。

后来有人问他："如果当初没有主动揽下不属于分内的工作，你现在会怎样？"

他笑了笑回答："肯定不会是现在这个样子，说不定开会时还在后排旁听呢！"

有的人没有得到提拔，并不是因为没有本领或者得不到机会的眷恋，而是因为在关键时刻不敢去露一手。他们没有胆量，自信心不足，或者认为是分外之事而不去插手，结果是坐失良机，白白浪费了自己的才华和表现自己的机会。人生，只有磨砺过才有光泽，只有承担过才显厚重。正是有了担当，人生的意义更显非凡。敢担当、会担当的人，会把分内事做到使人满意，把分外事做到让人惊喜，他们因而会被赋予更多的使命，也才有资格获得更大的荣誉。而一个缺乏主动性、没有责任感的人，首先失去的是社会对自己的基本认可，其次失去了别人对自己的信任与尊重，甚至

也失去了自身的立命之本——信誉和尊严，这样的人，能力再强也无用武之地。

　　进入 21 世纪，社会对我们提出了更高要求，它要求每一个想要有所进步的人，必须具备良好的道德、忠诚度、专业技能……即必须在综合素质方面表现突出。倘若你无法做到，很遗憾，你的职业发展必然会遭遇桎梏，你永远也不会得到成功！反之，如果你能够承担起自己的职责，在工作中积极进取，恪守职业道德，你就会成为一名不可替代的人才，你的价值、薪金、职位、团队影响力，等等，都会随之得到大幅提升。如此一来，你必然能够更快捷地实现自己的人生目标。

辑五　换一种姿态
抬高自己别人会低看你，放低自己别人会高看你

只有自以为是的人才会习惯于高高在上，真正聪明的人都懂得要谦逊，只有这样的人，才能真正融入社会中去。你能把自己放在最低处，实际上你就在最高处；如果你把自己放在最高处，实际上你就在最低处。

Part 1
骄慢倨傲，去之者多；劳谦虚己，附之者众

我们各种习气中再没有一种像克服骄傲那么难的了。虽极力藏匿它，克服它，消灭它，但无论如何，它在不知不觉之间，仍旧显露。但你又必须去改变，因为一个骄傲的人，结果总是在骄傲中毁灭了自己。

一个傲慢的人，总是在傲慢中尴尬

大千世界，众生百态。生活不乏这样的人：他们骄傲而自负，总觉得自己高人一等，常常表现出冷漠而盛气凌人的表情，行为上喜欢独来独往，不爱理睬别人。这样的人看起来似乎很"潇洒"。其实，他们根本不懂人情世故或完全轻视、忽略人情世故，他们常常遭到别人的反感和疏远，其结果往往是处处碰壁、寸步难行。

中国的传统文化素来鄙视傲慢，崇尚平等待人。一般来说，越是才学丰富见多识广的人就会越谦虚；文化越低，气量越小的人就会越傲慢。被

辑五　换一种姿态　抬高自己别人会低看你，放低自己别人会高看你

奉为千古宗师的孔子说过这样的话：不要强不知以为知，要知之为知之，不知为不知。莫忘三人行必有我师。谦逊的态度会使人感到亲切，傲慢则往往会使自己感到难堪。

庄子有个同学，名字叫作曹商，其人浮华之气颇重，很受庄子的鄙夷。

一次，宋康王派遣这个曹商出使秦国。他离去之时，从宋康王这里得到了几辆马车；到了秦国以后，因为乖巧善言，博得了秦王的欢心，秦王又赏赐他一百辆马车。

曹商返回宋国以后，便迫不及待地来到庄子的住地，得意扬扬地向庄子炫耀说："住在偏远狭窄的巷子里，依靠编织草鞋生活，脸色蜡黄，脖子枯槁如树枝，这些，我曹商可不擅长。我的本领是，一句话就能把万乘大国的君主说开心，使跟随的马车一下子就变成一百乘。"

庄子不屑地回答："我听说有一次秦王生病了，出榜悬赏，凡能挤破脓疮、消除脓肿者，赏车一乘；肯用舌头舔痔疮让他舒服的，赏车五乘。治疗的方式越无耻下贱，赏赐的马车也就越多。你大概也为秦王舔痔疮了吧？要不然怎么会得到这么多马车？"

故事中的曹商，活脱脱一副小人得志的丑陋嘴脸，而庄子对其的辛辣讽刺，则更是入木三分、发人深省。像曹商这种人，且不说其能力如何，首先他的人品就不值得人恭维，又怎能得到别人的尊重与信任呢？

傲慢是粗俗。它哗众取宠、盛气凌人，往往摆出"趾高气扬，不可一世"的俗态。

傲慢是无知。它庸俗浅薄，狭隘偏见，表现出夜郎自大的心态，是虚荣和一知半解结合的怪物。

傲慢是愚蠢。它故作高深，附庸风雅，其实是井底之蛙的仰望，是矫揉造作的不高明的表演。

傲慢是自负。它会使人觉得难于接近，只得敬而远之，或避而躲之。

傲慢是流沙。常常导致事业的失败。

傲慢之人必是无礼之人，无礼之人必将遭到别人的厌弃。如果你不愿遭到别人的反感、疏远，那你就切勿傲慢和过分强调自我。如果人人都注意加强品德修养，人人都谨防傲慢，那将会使我们的人际关系更加和谐，使我们生活得更加幸福和愉快。

放下心理上的"架子"，才能迎来成功

有些人很爱摆架子，尤其是那些有点权势和地位的人，总是念念不忘自己的"身份"，常常放不下架子，总好摆谱，以为那样能显示自己的"身价"与"威风"，结果摆来摆去，反倒让人感到是一种虚伪和浅薄。

从一定意义上讲，放下架子，就是自己解放自己，就能放下包袱，轻装前进。一个人真正放下了架子，就会真正正视现实，在人生道路上就能多几分清醒，就能带来缘分，带来机遇，带来幸福！

一天，原来在某公司担任部门领导职务的很有才干的年轻人张松，因为和公司的副总发生了一点口角，突然辞职走了。王总经理得知他是被聘到一家酒店做经理，就决定亲自出马，找他回来。副总不同意，他觉得这样做太"跌份"了，王总却坚持要去。于是王总经理找到了那家酒店。原先的老板主动来喝酒，这使刚辞职的张松深感意外。但他想躲开已经来不及了，只好笑脸相迎，请王总喝酒，他在一旁陪着。

辑五　换一种姿态　抬高自己别人会低看你，放低自己别人会高看你

两个人细饮慢说，王总笑容可掬，情绪不错。他与这位过去的手下闲扯起过去创业过关斩将的往事，讲得眉飞色舞。随后，才谈到张松的近况，他兴致勃勃地问："很好吧？是不是干得很顺手？"张松当然要把其现状好好描绘一番：很受老板的赏识，当上经理以后，手下协作也不错，初步估算，在年内可以赢利 50 万元。一边说一边觉得很畅快。王总淡然一笑，说："四五十万吗？我认为太少了。""就这么个小小的酒店，一年赚这么多已经很不错了……"张松小声地辩解道。

王总一本正经地说："照我看，你的才能一年应该赚几百万，你太不自信了，在这个小地方藏不下你这条蛟龙，所以我看你在这儿是大材小用啊！还是回去跟我干，怎么样？"

张松感到非常意外："王总，你不是开玩笑吧？我刚出来，你还要我回去……"王总慢悠悠地说："我想问题和做事情向来都是认真的。至于你和副总的不愉快，我都知道了，他也很后悔，正盼着你能回去呢！"

张松为难地苦笑："我连公司的房子都退了，回去还有位置吗？"

王总道："你错了，我们公司的一贯做法是人走了房子留给他，你在小酒店里太屈才，所以留下这句话：你愿不愿来，我都等着你。"

张松决定回去，但他的朋友却对他说："一会儿让你走，一会儿让你回去，你就那么好使唤吗？你怎么也得摆摆架子啊！"张松摇了摇头："我不这样认为，回去确实有发展，这时候不能摆架子！"

张松果然返回公司，一年后，经过东拼西杀，为公司获利几百万，自己也成为了公司的副总。

在这件事情中，如果王总摆起领导架子，那自然就不会去找一名辞了职的员工，这样一来，他就失去了一名人才。人才流失就是财富流失，为了摆架子而失去财富就有点太不值了。而张松如果像他朋友说的那样端起架子，那他就是拒绝机会，所以好摆架子实在不是聪明人做的事。

放下架子，是一种姿态，是一种心态，是一种气度，更是一种智慧。为了更好地做人、做事，我们最好放下架子——不仅是有形的，更要放下无形的。

谦，尊而光，卑而不可逾

人这一生有风有浪、有顺有逆、有高有低，只有秉持着谦卑的姿态行走其间，才能顺利通过所有门庭。

羊祜是名副其实的官宦子弟，他的外公便是大名鼎鼎的东汉蔡邕，其胞姐则是晋景帝司马师的献皇后。不过，羊祜为人一身清风、谦恭有加，并无半点"官二代"的骄奢习气。

羊祜年轻之时便已声名远播，曾被荐举为上计吏，州官4次邀请他做从事、秀才，五府也召他出来做官，但均被他一一谢绝了。因此，有人将他比作孔子最得意的门生——谦恭好学的颜回。正始年间，大将军曹爽专权，曾欲起用羊祜和王沈。王沈得信后，满心欢喜地劝羊祜与他一起去应命就职，羊祜对此颇为不然，淡淡答道："委身于人人，谈何容易！"后来，司马懿发动高平陵政变，曹爽失权被诛，王沈受到牵连而被免职。王沈后悔没有听羊祜的话，对他说道："我应该常常记住你以前说的话。"羊祜听后，并没有炫耀自己有先见之明，反而谦虚地表示："这不是预先能想到的。"

晋武帝司马炎称帝以后，鉴于羊祜辅助有功，遂任命他为中军将军，

辑五　换一种姿态　抬高自己别人会低看你，放低自己别人会高看你

加官散骑常侍，封郡公，食邑三千户。对此，他坚决推辞，于是改封为侯。虽然名位显耀，但羊祜对于王佑、贾充、裴秀等前朝有名望的大臣，一直秉持着谦虚的态度，从不将其视为自己的属下。

后来，为表彰羊祜都督荆州诸军事等功劳，皇帝加封他为车骑将军，地位等同三公，羊祜再次上表推辞，他在奏章中写道："臣入仕方十余年，便在陛下的恩宠之下占据如此显要的位置，因此无时无刻不为自己的高位而战战兢兢，荣华对我而言实属忧患。我乃外戚，只因运气好才能事事办得顺利，自当警诫受到过分的宠爱。但陛下屡屡下诏，赐予了我太多的荣耀，这让我怎么承受得起，又怎能心安得了？现在朝中，有不少德才兼备之士，比如光禄大夫李熹高风亮节，鲁芝洁身寡欲，李胤清廉朴素，却还都没有获得高位，而我只是一个无德无能的平庸之辈，地位却在他们之上，这让天下人作何感想？怎能平息天下人的怨愤呢？所以祈望陛下收回成命。"但皇帝没有应允。

羊祜身事两朝，手掌要权，地位显赫，但他本人对权势的欲望却非常淡然，但凡举荐某人升迁，事后绝不张扬，以至于很多被举荐者一直不知道羊祜曾有恩于自己。

羊祜一生清廉、俭朴，除官服外，平时只穿素布衣裳，朝廷发放的俸禄也大多用来周济族人或是赏赐军士，家无余财。

羊祜临终之时嘱咐子嗣，不可将南城侯印放入棺木。他的外甥齐王司马攸为此上表晋武帝，表明羊祜不愿按侯爵下葬的意愿，武帝下诏说："羊祜一生清廉、谦让，志不可夺。其身虽去，但美德仍在。这便是伯夷、叔齐被尊为贤人，季子能够保全名节的原因所在啊！现在我下诏恢复原来的封爵，以表彰爱卿的高尚德馨。"

毫无疑问，羊祜这一生是成功的，他的谦恭令天下百姓、满朝文武乃至一国之尊，无不对其敬佩有加。

这世上，一个人如果谦逊低调，那是一种老到的智谋，过分张扬自己，就会经受更多的风吹雨打，暴露在外的椽子自然要先腐烂。张狂的结果有无数的事实可以证明是失败或灭亡。那么，作为张狂对立面的谦虚，从逻辑上来说，其行为结果正是成功和收获。这也有历史上、现实中无数的案例可以证明。《易经》谦卦中说："天道下济而光明，地道卑而上行。天道亏盈而益谦，地道变盈而流谦，鬼神害盈而福谦，人道恶盈而好谦。谦，尊而光，卑而不可逾，君子之终也。"就是说谦才能使君子善始善终，

Part 2
闪电总是击打最高处的物体，所以，做人要谦虚

做人谦虚，你会一次比一次稳健。在生活上简朴些、低调些，不仅有助于自身的品德修炼，而且也能赢得上下的交口称赞。

不炫耀自己，谦虚待人

与人交往时，不要让别人觉得你在故意炫耀自己的聪明，认为别人都是蠢笨的，这样，你就能得到更多的朋友，避免产生不必要的争斗。

亨莉小姐现在是纽约人事局最有人缘的介绍顾问，但是，她也曾经是一个让同事们讨厌的人。原因是，她刚到公司的时候，最喜欢吹嘘自己以前在工作方面的成绩，以及自己的每一个成功的地方。同事们对她的自我吹嘘感到非常讨厌。为此，亨莉小姐很是烦恼了一段时间。

最后，亨莉小姐甚至无法在公司里继续工作了，所以，她不得不向成

功学大师拿破仑·希尔请教。拿破仑·希尔在听了她的讲述之后，认真地说："唯一的解决方法，就是不要再吹嘘你的经历。"

拿破仑·希尔继而说道："他们之所以不喜欢你，仅仅就是因为你常常拿自己的聪明向他们展示。在他们的眼中，你的行为就是故意炫耀自己，认为别人都是蠢笨的，他们心里难以接受。"亨莉小姐听后恍然大悟。

她回去后就严格按照拿破仑·希尔的话要求自己，在公司几乎不谈自己的聪明以及那些曾经的成功；相反，她非常认真地倾听公司其他人口若悬河的谈论。很快，公司的同事们就改变了对她的态度，慢慢地，她成了公司里最有人缘的人。

法国哲学家罗西法古说："如果你要得到仇人，就表现得比你的朋友聪明与优越；如果你想得到朋友，就让你的朋友表现得比你自己更聪明优越。"罗西法古毕竟是大哲学家，简单的一句话，就精确地道破了人与人之间相处的原则，也掌握住了人们在面对别人的优势与能力时的微妙心理变化，以及这种变化带来的结果。

为什么这样说呢？根据心理学家分析，当自己表现得比朋友更聪明和优越时，朋友就会感到自卑和压抑；相反，如果我们能够收敛与谦虚一点，让朋友感觉到自己比较重要时，他就会对你和颜悦色，也不会对你心存忌妒了。

实际上，在各种场合适当让自己"深沉"一下，常常能显示出一个人的胸襟之坦荡，修养之深厚。

辑五　换一种姿态　抬高自己别人会低看你，放低自己别人会高看你

卖弄小聪明，不如收敛锋芒

"灵芝与众草为伍，凤凰偕群鸟并飞，不闻其香而益香，不见其高而益高。"人生于世，唯有善藏者，才能一直立于不败之地！

所谓君子，必是高深修养之人，他的心地应像青天白日一样光明，没有什么不可告人的事情。相反，君子的才华则应像珍藏的珠宝一样，不应该轻易炫耀让别人知道，否则必会走向取祸之道。

三国时期的杨修，在曹营内任行军主簿，思维敏捷，甚有才名。有一次建造相府里的一所花园，才造好大门的构架，曹操前来察看之后，不置可否，一句话不说，只提笔在门上写了一个"活"字就走了，手下人都不解其意，杨修说："'门'内添'活'字，乃'阔'字也。丞相嫌园门阔耳。"于是再筑围墙，改造完毕又请曹操前往观看。曹操大喜，问是谁解此意，左右回答是杨修，曹操嘴上虽赞美几句，心里却很不舒服。又有一次，塞北送来一盒酥，曹操在盒子上写了"一合酥"三字。正巧杨修进来，看了盒子上的字，竟不待曹操说话自取来汤匙与众人分而食之。曹操问是何故，杨修说："盒上明书一人一口酥，岂敢违丞相之命乎？"曹操听了，虽然面带笑容，可心里十分厌恶。

杨修这个人，最大的毛病就是不看场合、不分析别人的好恶，只管卖弄自己的小聪明。当然，如果事情仅仅到此为止的话，也还不会有太大的问题，谁承想杨修后来竟然渐渐地搅和到曹操的家事里去，这就犯了曹操

的大忌。

在封建时代，统治者为自己选择接班人是一件极为严肃的事情，每一个有希望接班的人，不管是兄弟还是叔侄，可说是个个都红了眼，所以这种斗争往往是最凶残、最激烈的。但是，杨修却偏偏在如此重大的问题上不识时务，又犯了卖弄自己小聪明的老毛病。

曹操的长子曹丕、三子曹植，都是曹操准备选择做继承人的对象。曹植能诗赋，善应对，很得曹操欢心。曹操想立他为太子。曹丕知道后，就秘密地请歌长（官名）吴质到府中来商议对策，但害怕曹操知道，就把吴质藏在大竹片箱内抬进府来，对外只说抬的是绸缎布匹。这事被杨修察觉，他不加思考，就直接去向曹操报告，于是曹操派人到曹丕府前进行盘查。曹丕闻知后十分惊慌，赶紧派人报告吴质，并请他快想办法。吴质听后很冷静，让来人转告曹丕说："没关系，明天你只要用大竹片箱装上绸缎布匹抬进府里去就行了。"结果可想而知，曹操因此怀疑杨修想帮助曹植来陷害曹丕，十分气愤，就更加讨厌杨修了。

还有，曹操经常要试探曹丕和曹植的才干，每每拿军国大事来征询两人的意见，杨修就替曹植写了十多条答案，曹操一有问题，曹植就根据条文来回答，因为杨修是相府主簿，深知军国内情，曹植按他写的回答当然事事中的，曹操心中难免又产生怀疑。后来，曹丕买通曹植的亲信随从，把杨修写的答案呈送给曹操，曹操当时气得两眼冒火，愤愤地说："匹夫安敢欺我耶！"

又有一次，曹操让曹丕、曹植出邺城的城门，却又暗地里告诉门官不要放他们出去。曹丕第一个碰了钉子，只好乖乖回去，曹植闻知后，又向他的智囊杨修问计，杨修很干脆地告诉他："你是奉魏王之命出城的，谁敢拦阻，杀掉就行了。"曹植领计而去，果然杀了门官，走出城去，曹操知道以后，先是惊奇，后来得知事情真相，愈加气恼。

辑五 换一种姿态 抬高自己别人会低看你，放低自己别人会高看你

曹操性格多疑，生怕有人暗中谋害自己，谎称自己在梦中好杀人，告诫侍从在他睡着时切勿靠近他，并因此而故意杀死了一个替他拾被子的侍从。可是当埋葬这个侍者时，杨修喟然叹道："丞相非在梦中，君乃在梦中耳！"曹操听了之后，心里愈加厌恶杨修，于是开始找碴要除掉这个不知趣的家伙了。

不久，机会终于来了！建安二十四年（219年），刘备进军定军山，老将黄忠斩杀了曹操的亲信大将夏侯渊，曹操亲自率大军迎战刘备于汉中。谁知战事进展很不顺利，双方在汉水一带形成对峙状态，使曹操进退两难，要前进害怕刘备，要撤退又怕遭人耻笑。一天晚上，心情烦闷的曹操正在大帐内想心事，此时恰逢厨子端来一碗鸡汤，曹操见碗中有根鸡肋，心中感慨万千。这时夏侯惇入帐内禀请夜间号令，曹操随口说道："鸡肋！鸡肋！"于是人们便把这句话当作号令传了出去。行军主簿杨修即叫随军收拾行装，准备归程。夏侯惇见了便惊恐万分，把杨修叫到帐内询问详情。杨修解释道："鸡肋鸡肋，弃之可惜，食之无味。今进不能胜，退恐人笑，在此何益？来日魏王必搬师矣。"夏侯惇听了非常佩服他说的话，营中各位将士便都打点起行装。曹操得知这种情况，差点气坏，大怒道："匹夫怎敢造谣乱我军心！"于是，喝令刀斧手，将杨修推出斩首，并把首级挂在辕门之外，以为不听军令者戒。

锋芒外露，显然不是处世之道。自持才华，放旷不羁，人们难免会觉得你轻浮、不靠谱，一不小心还会招致横祸。杨修如何？其人才思敏捷，聪颖过人，才华、学识莫不出众，单从他数次摸透曹操心思，足见其过人之处。然而，他恃才放旷、极爱显摆，最终落得个身首异处、命殒黄泉的下场。由此可见，做人必须要事事谨慎、时时谦虚。我们每个人都想成就一番事业，可成功难免招致忌妒，当受到别人忌妒时，倘若你依旧不懂韬光养晦，那很可能就要大祸临头了。

放低姿态做人，放开手脚做事

人生于世，立身之根基不外乎两样——做人、做事，然而要打好这两大基础则绝非易事。做人之难，难在对情绪的掌控、对人生的参悟、对欲望的控制；做事之难，难在衡量，难在从复杂的利益与矛盾中寻找一个平衡点，难在得到众人的认可。那么，既然做人难，做事亦如此难，我们又该如何是好呢？这就要求我们在做人方面严于律己、谦虚谨慎、淡泊名利、不事张扬；在做事方面追求创新、力求卓越，不断提升对于自身的要求。若是能将二者相融合，使其相辅相成、相得益彰，我们就能够获得一片广袤的天地，成就一个多彩的人生。也就是说，若想自己的人生有所建树，我们必须学会放低姿态做人，放开手脚做事，而这，也正是大多数有作为者成功的关键所在。

一名普通茶厂工人，在平凡的岗位上不断学习、不断摸索、不断成长，先后成为车间主任、销售科科长、经营副厂长、厂长。在企业濒临破产之际，他凭借多年工作经验，洞悉了危机下隐藏的商机，毅然购买了茶厂的全部股份，甘愿承担茶厂 1200 余万的债务，开启了个人创业模式。

仅仅不到 10 年，他就将一个占地 6 亩、员工 30 余人、年收入不过百万的乡镇企业，一举拉上了"农业产业化国家重点龙头企业"的宝座，总资产数以亿计。

2004 年、2005 年，他先后获得"中国茶业企业十大风云人物""四川省创业之星""全国劳动模范"以及"四川十大财经风云人物"等各项殊荣。他就是"四川省峨眉山竹叶青茶业有限公司"董事长唐晓军。

然而，就是这样一个在业内叱咤风云的人物，却有着与其身份大相径庭的低调。

在媒体眼中，唐晓军可谓是一名"神秘人物"，他从不轻易接受采访，尽量避免在媒体上露面；在员工面前，唐晓军是一位亲切的老总，他平易近人、沉稳内敛，给人的感觉就像老朋友一般。

正如唐晓军所说："做人，要有一颗平常心，先做人后做事，凡事内敛不可张扬。"而他旗下"竹叶青"的品牌主张正是"竹叶青，平常心"。

从唐晓军身上，我们似乎看到了"低调"与"高调"的完美结合。放开手脚做事与放低姿态做人并不矛盾。放低姿态做人是一种姿态，是为人处世的一种胸襟、一种谋略，它能使人自省、使人进步、使人谦虚谨慎地走好人生的每一步。在谦虚谨慎的基础上，去进取，不畏艰辛迎难而上，用饱满的激情、强烈的自信去突破、去创新、去实现自己的人生梦想。

Part 3
忍下一时之气，方能实现凌云壮志

再矮的人，有时也需要屈身。适当的隐忍和低头，往往是为了不因小事而阻了自己通往成功的道路。知道什么是刚强，却安于柔弱地位的人，才能常立于不败之地。

无论实力强弱，忍耐一点又何妨

有些人看上去平平常常，甚至还给人窝囊不中用的感觉。然而这样的人并不可小觑，机会常常与他握手。因为，越是这样的人，越是在胸中隐藏着高远的志向抱负，而他这种表面"无能"，正是他心高气不傲、富有忍耐力和成大事讲策略的表现。这种人往往能高能低、能上能下，具有一般人所没有的远见卓识和深厚城府。

刘备一生有"三低"最著名，它们奠定了他王业的基础。一低是桃园结义，与他在桃园结拜的人，一个是酒贩屠户，名叫张飞；另一个是在逃的杀人犯，正在被通缉，流窜江湖，名叫关羽。而他，刘备，皇亲国戚，

辑五　换一种姿态　抬高自己别人会低看你，放低自己别人会高看你

后被皇上认为皇叔，肯与他们结为异姓兄弟，他这样一来，两条浩瀚的大河向他奔涌而来，一条是五虎上将张翼德，另一条是儒将武圣关云长。刘备的事业，从这两条河开始汇成汪洋。

二低是三顾茅庐。为一个未出茅庐的后生小子，前后三次登门求见。不说身份名位，只论年龄，刘备差不多可以称得上长辈，这长辈喝了两碗那晚辈精心调制的"闭门羹"，毫无怨言，一点都不觉得丢了脸面，连关羽和张飞都在咬牙切齿。又这一低，一条更宽阔的河流汇入他宽阔的胸怀，一张宏伟的建国蓝图，一个千古名相。

三低是礼遇张松。益州别驾张松，本来是想卖主求荣，把西川献给曹操，曹操自从破了马超之后，志得意满，骄人慢士，数日不见张松，见面就要问罪。后又向他耀武扬威，引起对方讥笑，又差点将其处死。刘备派赵云、关云长迎候于境外，自己亲迎于境内，宴饮三日，泪别长亭，甚至要为他牵马相送。张松深受感动，终于把本打算送给曹操的西川地图献给了刘备。再这一低，西川百姓汇入了他的帝国。

最能看出刘备与曹操交际差别的，要算他俩对待张松的不同态度了：一高一低，一慢一敬，一狂一恭。结果，高慢狂者失去了统一中国的最后良机，低敬恭者得到了天府之国的川内平原。

在这个故事中，刘备胸怀大志，却平易近人礼贤下士，慢慢成就了自己的基业。与之相反，曹操心高气傲，目中无人，白白丢掉了富饶的天府之国，并且还因此耽误了统一中国的大计。单从这一点上看，刘备是真英雄，虽然他没有所谓的气势架子；而曹操则一副狂徒之态，傲气冲天，耀武扬威。他因此吃了大亏，其实一点都不冤。

一个人，无论你已取得成功还是还没有出师下山，其实都应该谨慎平稳；尤其不能得意忘形狂态尽露。特别是年轻人，初出茅庐，往往年轻气

盛，这方面尤其应当注意。因此心气决定着你的行为，行为影响着你获得机会的可能性。

所以说，懂得胜不骄、有功不傲的人是真正懂生活、会做事的人，他们会因此而成为强者，成为前途平坦、笑到最后的人。

能够包羞忍耻，才能走得更远

历史上，各种斗争极其复杂，忍受暂时的屈辱，低头磨炼自己的意志，寻找合适的机会，是一个欲成大事者必不可少的心理素质。西汉时期的韩信忍胯下之辱正是"一定要低头"的最好体现。因为他不低头就把自己弄到和地痞无赖同等的地步，奋起还击，闹出人命吃官司不说，还很可能赔上一条小命。

另一种"一定要低头"，属于更高一个层次。就是有意识地主动消隐一个阶段，借这一阶段来了解各方面的情况，消除各方面的隐患，为将来的大举行动做好前期的准备工作。隋朝的时候，隋炀帝十分残暴，各地农民起义风起云涌，隋朝的许多官员也纷纷倒戈，转向农民起义军，因此，隋炀帝的疑心很重，对朝中大臣，尤其是外藩重臣，更是易起疑心。唐国公李渊（即唐太祖）曾多次担任中央和地方官员，所到之处，有目的地结纳当地的英雄豪杰，多方树立恩德，因而声望很高，许多人都来归附。这样，大家都替他担心，怕遭到隋炀帝的猜忌。正在这时，

辑五　换一种姿态　抬高自己别人会低看你，放低自己别人会高看你

隋炀帝下诏让李渊到他的行宫去晋见。李渊因病未能前往，隋炀帝很不高兴，多少有点猜疑之心。当时，李渊的外甥女王氏是隋炀帝的妃子，隋炀帝向她问起李渊未来朝见的原因，王氏回答说是因为病了，隋炀帝又问道："会死吗？"

王氏把这消息传给了李渊，李渊更加谨慎起来，他知道隋炀帝对自己起疑心了，但过早起事又力量不足，只好低头隐忍，等待时机。于是，他故意广纳贿赂，败坏自己的名声，整天沉湎于声色犬马之中，而且大肆张扬。隋炀帝听到这些，果然放松了对他的警惕。试想，如果当初李渊不主动低头，或者头低得稍微有点勉强，很可能就被正猜疑他的隋炀帝杨广除掉了，哪里还会有后来的太原起兵和大唐帝国的建立？

"一定要低头"的目的，是为了让自己与当时的环境有和谐的关系，把二者的摩擦降至最低，是为了保存自己的能量，以便走更长远的路，更为了把不利的环境转化成对你有利的力量，得到发展的时机，这是一种柔软，一种权变，更是最高明的生存智慧。

在人屋檐下是我们经常遇到的情况，它可能会以很多不同的方式出现，当你看到了"矮檐"，请不要"不得不"，而要告诉自己："一定要低头！"

笑到最后的人，才是笑得最美的

做事时，每个人都希望自己处于领先位置，战胜别人而大出风头，于是一旦感受到来自对手的敌意或威胁，人们就会不顾一切地反击，但这样反而有很多弊端，顶风直上未必就能赶上对手，反而会打乱你的脚步。所以你能做的，就是避其锐气、后谋后动，你的目标不是竞争中的风头，而是最后的胜利。

20 世纪 20 年代，正值美国汽车工业全面起飞时期，各大汽车公司纷纷推出色彩鲜艳的新型汽车，以满足消费者的不同需求，因而销路大增。但是，福特汽车却始终"穿"着"黑衫"，显得严肃而又呆板，销量一降再降。

然而，就是在这样的情况下，无论是各地要求福特供应花色汽车的代理商，还是对公司内的建议者，福特总是坚决顶回去："福特车只有黑色的！我看不出黑色有什么不好！"

生产逐步艰难，福特开始裁减人员，部分设备停工，公司内部人心浮动，连福特夫人也大惑不解，弄不清无动于衷的福特到底在搞什么名堂。

福特却胸有成竹："我们公司员工的待遇高于其他任何企业，他们不会有异心，同时，他们知道我是绝对不会服输的，相信我不跟在别人后面生产浅色车，一定另有计划。"

辑五　换一种姿态　抬高自己别人会低看你，放低自己别人会高看你

有人建议福特马上把新车拿到市面上去销售，福特诡谲地一笑："让他们先去出风头吧。我倒要看看谁笑到最后！"

又有人打听："福特公司是不是在设计新车？新车一定有各种各样的颜色吧？"

此时的福特显得踌躇满志："不是正在设计，事实上早就定型了！也不是跟别人一样，而是我们自己设计的，并且新车的价钱肯定比别人便宜！"这是福特一生的"杰作"之一——购买废船拆卸后炼钢，从而大大降低了钢铁的成本，为即将推出的 A 型车奠定了胜利的基础。

1927 年 5 月，福特突然宣布生产旧型车的工厂停产。

消息一出，举世震惊，猜测迭起。除了几个主管负责人以外，谁也不知道福特打的是什么算盘。令人感到奇怪的是，工厂虽停工了，可工人还是照常上班。这一情况引起了新闻界的极大好奇，而报纸上铺天盖地关于福特汽车的猜测、报道、评论，又使公众本来就有的好奇更加升华。

两个月后，福特终于宣布：新的 A 型汽车将于 12 月上市！这一消息比两个月前工厂停产的消息引起的震动更大。

年底，色彩华丽、典雅轻便且价格低廉的福特 A 型汽车终于在人们的翘首等待中源源上市。果然，A 型汽车一上市就引起消费者的极大兴趣。它形成了福特公司第二次腾飞的辉煌局面。A 型汽车的开发，早已确定了它在美国汽车行业的地位。而对其他各汽车公司以色彩、外形为武器咄咄逼人的攻势，福特没有直接应战，而是养精蓄锐，扬长避短，抓住了质量和价格这两个环节充分准备，一旦时机成熟，福特便毫不手软，立即使对手由强变弱，而自己则泰然自若地登上了霸主的宝座。

人们总是认为，在竞争中必须抓紧时间，有力地还击对手，问题是当你急于还击时是否做好了必要的准备。可以想象一下，如果福特在别的公

司推出浅色汽车时，立刻跟进，那他不但拿不回市场份额，还可能因此使福特汽车的声誉受损。因为其他公司推出的都是各具特色的新型汽车，福特公司在仓促之间是无法拿出"披着彩色外衣"的新车的，即使做到了，汽车在质量方面也可能不会那么尽如人意。

所以福特选择了养精蓄锐、隐而不发的策略，他顶住了来自众多方面的压力，研制出具有竞争力的新车，然后再全力出击，终于获得了最后的胜利。

受到竞争的刺激时，一般的人都会马上奋起反击，这是大多数人的做法，却不是成功者的最好选择。不被别人左右，谋定而后动，这就是成功者的秘诀。

所以，当别人大出风头的时候，你不必眼红，更不必急于跟对方一争高下，你必须坚定自己的立场，继续做好自己该做的事，毕竟笑到最后的人才是笑得最美的。

Part 4
雾里看花,也不失为一种幸福

　　适当的糊涂是成熟的标志,是一种由内而外馨香之气的散发,更是经过岁月蹉跎历久弥香的沉淀。聪明人,宁可装傻,也不自诩聪明;聪明人,知道何时昂头,何时低头。糊涂的特点,包含了进退有度,刚柔并进,同时更是一种谦逊的姿态。

所谓糊涂,是表面糊涂内心清明

　　人生本就是一场戏,看清了,也就释然了。郑板桥的那四个字"难得糊涂"包含着人生最清醒的智慧和禅机,只可惜有一部分人悟不透,大部分人做不到。所以,终日郁郁寡欢,忙碌不堪,事事要争个明白,处处要求个清楚,结果才发现因为太清醒了反倒失去了该有的快乐和幸福,留给自己的也就只剩下清醒之后的创痛。
　　难得糊涂,糊涂难得。留一半清醒留一半醉,才能在平静之中体味这人生的酸、甜、苦、辣。古人说:"水至清则无鱼,人至察则无徒。"水太清澈了，鱼儿们无法藏身，也无法找到可以维持生存的食物，当然只有另寻可以生存的水域。人活得太清楚，要求太苛刻，也就没有了朋友。因为所有的人都有这样那样的缺点。你紧抓着这些不放，当然没有人敢接近你。做事也是如此，有时你只需睁一只眼，闭一只眼就可以了。把事做绝了，做得太清楚了只能让人害怕你的苛刻，讨厌你的精细和烦琐。所以，当你再次要求别人去做事时，别人当然是能避则避，能推则推，这时的你也许还会觉得别人不够义气，却不知是因为你活得太过清醒，要求得太过严格。

济公俗名李修缘，南宋永宁村人，其高祖为宋太宗驸马、镇国军节度使，他又是临海都尉李文的远孙，可以说是一名名副其实的官宦子弟。不过，济公并没有沾染上纨绔子弟的习气。

李家世代信佛，济公少年时又就读于村北赤城山瑞霞洞，受释道二教的熏陶，济公在父母去世以后便皈依佛门，拜国清寺法空一本为师，取法名道济，接着又参访祇园寺道清、观音寺道净，最后投奔杭州灵隐寺的瞎堂慧远。

济公出家以后，突然疯癫起来。他言行不羁，不喜坐禅、念经，却偏好酒肉，甚至以狗肉蘸大蒜食之；他衣衫褴褛，破帽破扇破鞋垢衲衣浮沉市井，经常与顽童厮混一处，打打闹闹、斗斗蟋蟀，所以被人戏称为"癫僧"，亦被一般俗僧视为"不正常之人"。于是有人向住持慧远告状："道济屡犯清规戒律，应驱出山门！"却被慧远以"佛门广大，岂不容一癫僧"拒之。

济公状似疯癫，却常行善事，他懂医术，屡屡救死扶伤；他广结佛缘，曾带着自己撰写的化缘疏外出募化，修复因火被毁的寺院；他游走于市井之中，济危扶困、救死扶伤、彰善罚恶，被世人尊称为"活佛"。古往今来，英雄名流如云汉之星，然而能为东西方世界雅俗共赏者，则非癫

辑五　换一种姿态　抬高自己别人会低看你，放低自己别人会高看你

僧济公莫属。

济公其人，不但颇具佛性，又有道家隐逸之风，同时更兼民间游侠的气息，从而在佛门众弟子中独树一帜，被尊为禅宗第五十祖，杨岐派第六祖。

据传，这似丐似氓，非僧非道的癫僧还是一位诗文俱佳的"才子"。他曾写诗自述——"削发披缁已有年，唯同诗酒是因缘。坐看弥勒空中戏，日向毗卢顶上眠。撒手须能欺十圣，低头端不让三贤。茫茫宇宙无人识，只道颠僧绕市廛。"活脱脱一个看破红尘、游戏人间达人形象。

著名学者南怀瑾亦对济公的四首《西湖》绝句和临终偈语尤为赞赏，他曾表示"若以诗境而论诗格，他与宋代四大家的范成大、陆放翁相比，亦不逊色；若以禅学境界论诗，则已臻禅境之极致。如那首：出岸桃花红锦英，夹堤杨柳绿丝轻，遥看白鹭窥鱼处，冲破平湖一点青。用笔精细又不失自然，动静谐合，情趣内蕴，末句尤有神韵。"

那些真正的聪明人，常常被人看作是愚痴，却不知他们的心比任何一个人都清醒。入世的大智者大抵如此。

所以，人何必活得那么清醒，自己太累，别人也不舒服。

这个世界上有太多的人和事你永远都管不完看不清，所以，清醒的时候就难免心烦意乱，不得安宁。为什么非要寻个明明白白，问个是非黑白呢？很多事情，看不清就看不清，并无大碍。你只管做自己的事就可以了。

糊涂一些，才是真聪明

聪明地看清周遭的一切总会有损，不如糊涂一点，才能少惹是非，保全自己。只要懂得装傻，就绝不是傻瓜，因为聪明才能装出糊涂。

不过，要做到"明知故昧"，绝非易事，如果没有高度涵养，斤斤计较，是断乎不行的。古人有"骂如不闻""看如不见"的涵养，既避免了是非，又更利于扫平成功的路障。相反，"自作聪明的先知，被上帝灭口"，可见糊涂一点才是长久之计。

秦始皇手下大将王翦一生战功赫赫。秦始皇十一年（前236），王翦带兵攻打赵国的阏与，不仅破城，而且还一口气拿下了九座城邑。秦始皇十八年（前229），王翦领兵攻打赵国，仅用一年多的时间就大获全胜，逼迫赵王投降。第二年，燕国派荆轲刺杀秦始皇，暴怒的始皇派王翦攻打燕国，王翦顺利攻破燕国都城蓟，燕王喜被迫逃往辽东，王翦由此深受秦始皇的信任和重用。但纵然如此，王翦行事依然谨慎非常。

一次，王翦率60万大军前去攻打楚国，秦始皇亲自到灞上相送，他斟了满满一杯酒给王翦，说："老将军请满饮此杯，愿早日平定楚国，到时寡人亲自给将军接风洗尘。"

王翦谢过秦始皇，将酒一饮而尽，说："陛下，战场之上，刀剑无情，老臣临行前有一个请求，不知当说不当说？"

秦始皇说："老将军但说无妨。"

辑五　换一种姿态　抬高自己别人会低看你，放低自己别人会高看你

王翦就向秦始皇请求赏赐良田宅园，始皇笑道："老将军是怕穷啊？寡人做君王，还担心没有你的荣华富贵？"

王翦说："做大王的将军，能人太多了，有功最终也得不到封侯，所以大王今天特别赏赐我临别酒饭，我也要趁此机会请求大王的恩赐，这样我的后代子孙就不愁没有家业了。"

秦始皇听了哈哈大笑。

王翦到了潼关，又派使者回朝请求良田赏赐，一连五次。秦始皇身边的人都担心他会发怒，但是秦始皇神色未变，反而看上去有些喜色。

王翦的心腹对他说："将军这样做会不会太过分了？哪有这样朝君主要田要地的？难道不怕皇帝怪罪吗？"

王翦说："不，皇上为人狡诈，不轻信别人。现在他把全国的军队都交到了我手上，心里一定有所顾忌。我请求田产作为子孙的基业，让他以为我是个贪图钱财的人，而不是贪图王位权势，那他就不会对我有所猜忌了。"

王翦识人精到，而做人的策略更是圆融柔婉，能在猜忌心很重的秦始皇手下得到重用数十年，真的不是件容易的事啊。

自古以来，为人臣子的对于君王来说就像一把双刃剑，用得好了是杀敌防身的利器，用得不好就是夺权篡位的逆贼。所以当君主的对于战功、军权过大的臣子都免不了猜忌，有时候也难免要杀死有功之臣以防他谋位篡权。

汉朝萧何的功劳很大，有个门客就对他说："满朝之中您的功劳最大，已经没有什么封赏配得上您了。而且您还得到百姓们的拥护，现在皇帝在外打仗，还几次问起您在做什么，他这是怕您谋反啊。"萧何深以为然，他就按照门客的计策，多买田产多置房宅，还做了一些损害自己声誉的事情。等汉高祖回来时，看到百姓拦路控告萧何，反而十分高兴。

王翦、萧何的做法有着异曲同工之妙，他们采用的是自污的办法，用糊涂来应付君主的猜忌，从而保住自己的身家性命。

　　一个人，若懂得了糊涂的学问，就会知道自己的意见并不总是那么绝对，就能更虚心地对待不同意见。泰山不让寸土而成其大，江河不捐细流而就其深。懂得了糊涂的学问，就知道了自己能力的局限，你所不能驾驭的，就不要忙于去驾驭；你所不能把握的，就不会急于去把握；你所不能强求的，就不会勉强。而是将自己的精力更专注地投入一个有限的范围，做你擅做的事，精益求精，成为某一行业的行家里手。懂得了糊涂的学问，你就知道了对宠辱誉毁的看法不能那么绝对，对功名利禄、荣华富贵不能看得很重。这不但增强了耐受挫折的韧性，又能养成心如止水、宠辱不惊的持重。

能够看破是你的本事，难得糊涂才是真高明

　　这世间事，愚昧之人看不懂，聪明之人看得破。看破不说破才是大聪明，真高明，看破又说破的便是假精明，太愚蠢。

　　某女士新近购置一所住房，装修时托室内设计师为自己的卧室装饰了一些窗帘。然而，等到账单送来时，她不禁瞠目结舌——太贵了，但既然已经买了，就是心疼也没有办法。

　　几天以后，她的一位朋友前来造访，她们来到卧室，朋友很快就被那副窗帘吸引了："哦，它真的很漂亮不是吗？你花了多少钱？"但当她

辑五 换一种姿态 抬高自己别人会低看你，放低自己别人会高看你

说出价钱时，朋友的脸上不禁呈现出怒色："什么？你被骗了！他们太过分了！"

诚然，她说的是实话，但又有谁喜欢别人轻视自己的判断力呢？于是，房主开始为自己辩护，她告诉朋友：一分钱一分货，斤斤计较的人永远不可能买到既有品位而质量又高的东西。接着，二人你一言我一语，展开了唇枪舌战，最终不欢而散。

又过几天，另一位朋友也来参观新居，与上位朋友不同，她一直对那些窗帘赞赏有加，并有些失落地表示，希望自己也能买得起这种精美的窗帘。听到这番话，房子的主人坦言，其实自己也不想买这么贵的窗帘，确实有些负担不起，现在有些后悔自己所托非人了。

人在犯错时，也许会对自己承认，但如果被人直言不讳地指出来，则往往很难接受，甚至会为维护自己的尊严而展开反击。试想，如若有人硬将鱼刺塞进你的咽喉，你会作何反应？话，有时不必说得太明白，即使事实摆在那里，也不该由你去揭破，让自己含糊一点，没有人会怀疑你的智商。事实上，如果换一种方式去渗透，反而会收到更好的效果。

这天早上，丽丽来到了总经理办公室。

"总经理，昨天交给您的文件，您签好了吗？"

总经理眯着眼睛想了想，随后又翻箱倒柜地找了一遍，最后很无奈地摊开双手："不好意思，我从没见过你交上来的文件。"

倘若是在两年前，倘若刚刚毕业那会儿，她一定会据理力争："总经理，我明明将文件交给了您，而且亲眼看着您的秘书将它摆在了办公桌上，是不是您将它当作废纸丢掉了？"

但是现在，在吃过几次亏以后，她变得聪明了，现在的她绝不会这样做。只听她平静地说道："那有可能是我记错了，我再回去找一下吧。"

丽丽回去以后，并没有去找什么文件，而是直接将文件原稿从电脑中

调出，重新打印了一份。当她再次将文件放到总经理面前时，对方只是象征性地扫了一眼，便爽快地签了字。

其实，总经理心里非常清楚文件的去向……

有些时候，谁是谁非并不重要。装装糊涂，找个台阶给对方下，也许你会得到意想不到的收获。对于职场中人而言，上司就是主宰你前途的那个人，与他们相处，我们没有必要太过较真。

其实，这世间本无绝对的对与错，更无绝对的公平，有时候要想活得更好，就必须要适当地让自己糊涂一下，"委屈"一下。

看破而不去说破，人与人之间便会相安无事，社会便会更加和谐，这是多好的氛围啊。

看破是你精明，但不说破才是真智慧。话吐到嘴边留半句，这只能说是半成熟，话到嘴边咽回去，这才称得上是真成熟。古往今来，喜欢事事说破的人多是受排斥的，亦如屈原和海瑞。能看透这一点，你才会从冒失走向成熟，并慢慢变得高明起来。

辑六　换一种性格
一个人的失败，很大程度上因为性格的缺陷

从学生到社会人，从初生牛犊到社会精英，大多数人的起点是没有本质差别的。同样的起跑线，不同的性格，决定不同的发展速度。很多人都知道这样一句话"性格决定命运"，个人习惯是性格的体现，习惯决定着行为，行为影响人生成就。

Part 1
性格导向成功也导向失败

性格在很大程度上有赖于后天的培养，一个不好的性格对成功来说也许是致命的，但是，别只把它归咎于你的天性，别对自己说它是无法改变的。每个人在社会中都会因为这样那样的原因而改变原先的性格，这种改变未必是坏事，有很多人都是因为改变才意外地发现自己有一些意想不到的潜力。

拥有较多的良好性格，就等于抓住了成功的入场券

一个人的性格在很大程度上会影响他的人生成长。你播种一种行为，就会收获一种习惯；播种一种习惯，就会收获一种性格；播种一种性格，就会收获一种命运，这是个古今中西通用的道理。关于这个道理，还有一个哲理故事，我们一起来看一下。

据说从前有三兄弟想知道自己的命运，于是他们便去找智者，智者听了他们的来意之后说道："在遥远的天竺大国寺里，有一颗价值连城的夜明珠，如果叫你们去取，你们会怎么做呢？"

大哥首先说："我生性淡泊，夜明珠在我眼里只不过是一颗普通的珠

辑六　换一种性格　一个人的失败，很大程度上因为性格的缺陷

子，所以我不会前往。"

二弟挺着胸脯说："不管有多大的艰难险阻，我一定把夜明珠取回来。"

三弟则愁眉苦脸地说："去天竺国路途遥远，诸多风险，恐怕还没取到夜明珠，人就没命了。"

听完他们的回答，智者微笑着说："你们的命运很明晓了。大哥生性淡泊，不求名利，将来自难以荣华富贵。但也正由于自己的淡泊，他会在无形中得到许多人的帮助和照顾。二弟性格坚定果断，意志刚强，不惧困难，预卜你的命运前途无量，也许会成大器。三弟性格懦弱胆怯，遇事犹豫不决，恐怕你命中注定难成大事。"

故事的道理很简单：好性格才是幸福人生的基石，一个人拥有较多的良好性格特质，也就等于抓住了成功与幸福的入场券，因为良好的性格结构会在潜移默化中改变人生的各个层面，进而改变整个人生。那么我们就来看看好性格结构主要体现在哪几个方面吧。

独立性：办事理智、稳重，并且能真正听从合理的建议，乐于承担由于自己的决策可能带来的一切不良后果。

自制力：人都会生气，但是，如果有自制力就能够把握住尺度，不至于让自己失去理智。

博爱与包容：付出爱，然后从爱自己的配偶、孩子、亲戚、朋友中得到乐趣。

前瞻性：有长远打算，即使眼前有很具吸引力的利益，也要做长远的打算。甚至为了长远利益，不惜放弃眼前的利益。

对调换工作持慎重态度：不见异思迁，即使需调换工作，也要非常谨慎作全盘考虑，再下决定。

不断学习和培养情趣：不断地增长学识，广泛地培养情趣，这也是健康性格结构的一个特点。

当然，每个人的性格都可能是不完美的，总会有或多或少的毛病。因

此，及时为自己的性格会诊是非常重要的。这个世界上没有最好的性格，只有最适合你的性格。我们只有不断地优化自己的性格，才能拥有健康的身体、愉快的心情、幸福的人生。

可以说，性格的潜力是无穷无尽的，它就犹如深埋地下的钻石宝矿，只有在不断挖掘中，才能涤荡出本色的光芒。优秀的性格是我们本身具有的法宝，让我们能在错综复杂的人际关系网中游刃有余；良好的性格是我们内在散发的魅力，让我们能在坎坷的求生之路上战无不胜。

那些性格好的人，往往能够在事业上春风得意

性格决定命运，当然也同样决定着事业的成败，我们无法和环境抗争，那么就要适应环境的变化，依照环境对自己做出改变。负责在华盛顿美国心理学协会上发表调查报告的鲁本塞教授指出，在美国41位总统中，成功的总统往往是不讨人喜欢和固执的人。研究发现，成功的总统均自信、富有理想和勤奋，但他们同时也非常自负，有"为求目的不惜一切的性格"。鲁本塞教授同时指出，这一结论也适用于其他行业。

王先生是一家电子配件厂的董事长兼总裁，从大学毕业的时候一文不名，勉强弄到指标留京后，在一家工厂做出纳，月薪72元，工作一年后辞职下海，从批发电子零件开始，至今凡是涉及计算机配件和无线电配件的行业，都或多或少地有他的参与，资产据说已经上亿。王先生对成功和性格之间有一个很好的评价：只要你不优柔寡断，你成功的机会总是有的。王先生为人活泼，从未曾见过其自傲自负，也因此可谓朋友遍天下，

辑六 换一种性格 一个人的失败，很大程度上因为性格的缺陷

在哪里都是中心人物。若成功一定要跟性格联系的话，那只能说他的开朗和大气促成了他的成功。

另一人正好相反，某部某局的张副局长，年方34岁，博士学位，年轻有为，众人举羡，但从不爱说话，曾闻其妻言，两口子日均交谈没超过十句！张君为人甚稳重，做事一丝不苟，难得一笑亦难得交一友，但就其目前的年岁地位，谁能说他不是成功之士呢？

上述事例告诉我们，性格的内向与外向没有绝对的好与坏之分。只是在不同的环境中应具有适应不同环境的性格，比如上文中的王先生，他生活在生意场上，在这种场合下，强烈地依赖于个人的人际关系，要求人能言善辩，有胆识，有气魄，办事有魄力。而王先生的性格刚好符合上述特点，他为人活泼，在生意场上朋友遍天下，在哪里都是中心人物。这样活跃的人际关系也就注定了他在商场的成功。而张副局长，性格内向，为人稳重，做事一丝不苟，这种性格也非常适合官场。

拥有良好性格的人应是既不鲁莽从事，也不盲目附和，不会因为困难和挫折而一蹶不振，他们善于观察事物的发展变化，能根据情况的细致变化和客观的需要，当机立断地去改变或修改已执行的决定，而那些具有消极意志特征的人胆小、懦弱、易盲从，不加批判地接受别人的影响，轻易改变自己原来的决定，或者即使他的做法是错误的也固执己见，遇到困难就优柔寡断，退缩不前，或者不计后果鲁莽行事，这样的人难成大器。

对于性格是如何影响一个人的事业的，北京心理医学研究所李粟教授肯定地说，性格对成功是有影响的，成功的标志是你的行为达到了你预期的目标。为达到你预期的目标，在达到目标之前的过程中，性格是可以左右人对事物的决断能力的。历史上的暴君和野心大的政治领袖，远如秦始皇，近如希特勒，均是为人暴戾、奸诈、阴沉之辈；文韬武略大有作为的政治家又都是稳健精明深受爱戴的人，像美国第一任总统华盛顿；而性格懦弱、优柔寡断的人通常都是亡国误国之徒，比如宋徽宗赵佶和宋钦宗赵桓。

培养优良性格，让自己备受欢迎

一个人在家庭、工作、交友中都必须与人接触，因此，你的各方面都成了对方注意的焦点和目标，对判断你是否是一个受欢迎的人很重要。在这里性格又一次影，向了你，那么，要如何培养受欢迎的性格呢？

显然，每个人都期望自己成为一个受到大家欢迎的人。问题是，现实中确有不少人不招人喜欢，不受人欢迎。那么，我们该如何培养受人欢迎的性格呢？这就要了解哪些性格是受人欢迎的性格。

1. 聪明并且诚实

据有关调查表明，最受人欢迎的性格是诚实、正直、聪明并值得信赖。人与人之间的交往重在一个"诚"字，待人诚实的人往往能赢得更多的朋友，获得大家、亲友和同事的喜爱。这种诚实表现在对人诚恳，对朋友不说假话，不弄虚作假。犯了错误能够承认，不遮遮掩掩，说谎话骗人。

正直的性格是难能可贵的，正直的性格主要是指人的行为光明磊落，不欺负别人，不做坏事和对不起朋友的事。遇到坏人、坏事时，勇于与之作斗争。

聪明的人也很讨人喜欢。因为聪明的人比其他人的领悟速度快，很快就能和对方进行沟通，因而备受喜欢。

2. 有魅力的人

据有关专家调查结果显示，有魅力的男人或女人对异性和其他人群的吸引力更大、更讨人喜欢。

对男人而言，有魅力的性格主要有以下5种：

辑六 换一种性格 一个人的失败，很大程度上因为性格的缺陷

（1）安静、沉着、自信心强、喜欢求知；

（2）喜欢清洁、帅气、成熟；

（3）热情、豪迈、做事积极且专心、精力充沛；

（4）健康、有活力、和蔼可亲、体贴别人、喜欢社交、开朗、率直、做事干脆；

（5）喜欢听人讲话、认真、宽宏大量、诚实。

对女人而言，受人欢迎的性格主要有以下6类：

（1）聪明、有点神秘、安静；

（2）喜欢社交、态度积极、热情、性感；

（3）活泼可爱、亲切、体贴人、直率；

（4）有活力、健康、开朗；

（5）喜欢听人说话、自制力强、诚实、认真；

（6）做事干脆、和蔼可亲。

如果要想使自己成为更有魅力、更受欢迎的人，就应该在上述方面下功夫，有意识地加强自己的魅力。

3. 外表的魅力与性格

尽管有许多处世格言告诫我们不要太重视一个人的外表，许多人嘴巴上也不断强调欣赏对方的内在美，但实际上，几乎很少有人能完全不在乎外表，而专注于发现与欣赏对方的内在人格美。

客观而言，这符合我们认识一个人的规律。因为一个过去从未谋面的人站在你面前，你首先注意到的就是他的外表，长得如何，气质怎样，穿着是否得体，并由此决定是亲近还是疏远他，然后，才谈得上进一步与他进行交流。

外表有魅力的人，大体上好奇心强，热情活泼，看问题有眼光、有自信、意志坚强、会感恩、亲切、直率、认真，能敞开心胸与人交谈，乃至有包容别人的雅量。换言之，外表越有魅力的人，性格通常越好。

Part 2
不成熟的性格，无法促成成熟的人生

成功最怕的性格就是不理智。缺乏理智的人，往往凭借一时的冲动去行动，枉费了时间、精力，到头来一事无成，甚至头破血流。有了理智，我们才知道该做什么，不该做什么。有了理智，我们才知道该怎么做，不该怎么做。有了理智，我们才能正确对待人生的各种境遇。

理性是前途的罗盘，它引导生命于迷途

理智表现为一种明辨是非、知晓利害以及控制自己行为的能力。具备这种能力并能自觉保持，或者更深层次地说，当这种能力变成一种理性取向时，它便形成一种性格。具备理智性格的人，性情稳定，思想成熟，想法全面，做事周密，因此成功的概率很高。

反过来说缺乏理智的人不但抓不住机遇，而且还会害人害己。

缺乏理智的人由于对社会纷繁复杂的事物不能看清、看透，因此很难做出正确的判断。缺乏理智的人比较盲目，不懂得审时度势，对事物的发

辑六　换一种性格　一个人的失败，很大程度上因为性格的缺陷

展没有深刻认识，所以更容易感情用事，遇到突发事件时，缺乏理智的人自控能力比较差，而且缺乏责任感。这种人最大的弱点是不冷静。因此，纵使机遇迎面而来，他们也看不清其"本相"。

李伟毕业于一所普通高校。人虽无一技之长，却自视甚高。一天，他在报纸上看到两则招聘广告，便抱着试一试的想法前去应聘。第一家公司规模较小，成立时间又短，而且急需人才，所以经过简单面试后，决定试用他。李伟便觉得是因为自己有极强的实力，所以才被公司录用。一天下来，他对公司的情况不是很满意。第二天没有上班，又去了另一家公司面试。这家公司规模大，要求也高，李伟没有通过考试。李伟觉得很委屈，认为公司没录用他很不公平，但又找不到其他工作，就想回到第一家应聘的公司。可是，第一家公司规模虽小，也不愿用这种盲目、浮躁的人，便以"录用人员已满"为由，将他拒之门外。遇事不理智，使他错失工作良机。

人们常把一些人的成功归功于机遇，却不知自己也曾有过成功的机遇，只是由于缺乏理智，才与机遇擦肩而过。缺乏理智就意味着思维盲目，头脑处于一种浮躁状态。这样的人，在面对各种机遇时就会难以把握，错失良机。

有一位厂长，为人正直，又很有爱心，只是有时容易失去理智，但只这一个缺点，就把他变成了千古罪人。这位厂长所辖工厂规模不大，勉强能够运转。他心急如焚，想为职工找个好项目，为地方经济的发展做点贡献，于是出门取经。

一天，厂长在一家餐馆吃饭，听两个商人打扮的人正聊如何赚钱，他就在一旁仔细听。原来，现在世界上一些国家艾滋病蔓延，因此乳胶手套走俏，听说还能出口，而且利润很高。厂长听罢热血沸腾，饭都没顾上吃，坐车就赶回企业，和全体员工一说，大家齐夸厂长精明。他未经冷静

思考，又去找当地领导，领导一听有好项目，当然支持，于是批示银行给贷款60％。同时职工们纷纷主动凑钱。就这样，在盲目的创业热情中，不到两个月，一套生产乳胶手套的全自动设备就进厂了。开始的时候还真赚了点钱，可不到三个月，这种手套就没了销路。看着一箱箱的手套，厂长捶胸顿足，但是一切都晚了。

这位厂长的出发点是好的，可是他缺乏理智、全面地对市场前景进行理性分析、预测，从而做出了错误的判断和决策，误人误己，落得如此下场。

机遇永远属于理智的人，因为他们在机遇面前总能够保持理性、周详和冷静。

理智为机遇提供思想准备。机遇永远留给有头脑有准备的人，这里说的头脑准备就是一种理智状态。机遇是公平的，从不偏爱任何人；机遇是苛刻的，它也从不让人轻易获得。只有在思想上做好准备的人才与机遇有缘。

理智还为捕捉机遇提供心理保证。机遇在成功过程中的作用不容忽视，创造机遇就能创造财富，把握机遇就是把握人生。那么如何创造机遇、把握机遇呢？当然是要做理智的人，因为理智的人从不被动地等待机遇，而是主动地寻找机遇，果断地抓住机遇。所以在机遇面前，他们可以牢牢把握住。就像一粒种子，在地里积蓄力量，一听到春的召唤，马上就破土而出。人也是一样，在机遇没来之前，应该充实自己，只有先练好了本领，才能抓住机遇；如果没有打虎的本领，即使让你有机会通过景阳冈，也只能是枉送性命。

辑六　换一种性格　一个人的失败，很大程度上因为性格的缺陷

那些愚蠢的行为，大多是因为手比脑袋动得快

许多问题的产生都源于冲动，是未经深思熟虑就行动的结果。

愚蠢的行为大多是在手脚转动得比大脑还快的时候产生的。在遇到与自己的主观意向发生冲突的事情时，若能冷静地想一想，不仓促行事，也就不会有冲动，更不会在事后后悔莫及了。

石达开是太平天国首批"封王"中最年轻的军事将领。在太平天国金田起义之后向金陵进军的途中，石达开均为开路先锋，他逢山开路，遇水搭桥，攻城夺镇，所向披靡，号称"石敢当"。太平天国建都天京后，他同杨秀清、韦昌辉等同为洪秀全的重要辅臣。后来又在西征战场上，大败湘军，迫使曾国藩又气又羞又急，欲投水寻死。在"天京事变"中，他又支持洪秀全平定韦昌辉的叛乱，成为洪秀全的首辅大臣。

但是，就在这之后不久，石达开却独自率领20万大军出走天京，与洪秀全分手，最后在大渡河全军覆灭，他本人亦惨遭清军骆秉章凌迟。石达开出走和失败的历史是鲁莽行动的体现，足以使后人深思。

1857年6月2日，石达开率部由天京雨花台向安庆进军，出走的原因据石达开的布告中说，因"圣君"不明，即责怪洪秀全用频繁的诏旨，来牵制他的行动，并对他"重重生疑虑"，以致发展到有加害石达开之意，这就使二人之间的矛盾白热化起来。

而当时要解决这一日益尖锐的矛盾有三种办法可行：一种办法是石达

开委曲求全，这在当时已不可能，心胸狭窄的洪秀全已不能宽容石达开；一种是急流勇退，解印弃官来消除洪秀全对他的疑惑，这也很难，当时形势已近水火，若石达开解职的话恐怕连性命都难保；第三种是诛洪自代。谋士张遂谋曾经提醒石达开汲取刘邦诛韩信的教训，面对险境，应该推翻洪秀全的统治，自立为王。

按当时的实际情况看，第三种办法应该是较好的出路，因为形势的发展实际上已摒弃了像洪秀全那样相形见绌的领袖，需要一个像石达开那样的新的领袖来维系。但是，石达开的弱点就是中国传统的"忠君思想"，他讲仁慈、信义，他对谋士的回答是"予惟知效忠天王，守其臣节"。

因此，石达开认为率部出走是其最佳方案。这样既可继续打着太平天国的旗号，进行从事推翻清朝的活动，又可以避开和洪秀全的矛盾。而石达开率大军到安庆后，如果按照他原来"分而不裂"的初衷，本可以此作为根据地，向周围扩充。安庆离天京不远，还可以互为声援，减轻清军对天京的压力，又不失去石达开原在天京军民心目中的地位。这是石达开完全可以做到的。但是，石达开却没有这样做，而是决心和洪秀全分道扬镳，彻底分裂，舍近而求远，去四川自立门户。

历史证明这一决策完全错了，石达开虽拥有20万大军，英勇决战江西、浙江、福建等12个省，震撼了半个中国，历时7年，表现了高度的坚韧性，但最后仍免不了一败涂地。

石达开的失败，主要是由于个人决策的错误，他的一时冲动使他做出了自不量力的行为。

当我们在做决定时，常会犯一个老毛病，就是凭冲动行事，既不分清情况又没有衡量好自己的能力，因此往往会做一些让自己赔了夫人又折兵的后悔事。所以，在面临做决定时，首先，应先问问自己做这个决定到底是为什么？有什么目的？如果做此决定会产生何种后果？这样能促使你三

辑六　换一种性格　一个人的失败，很大程度上因为性格的缺陷

思而后行，避免冲动。

其次，要锻炼自制力，尽力做到处变不惊、宽以待人，不要遇到矛盾就"兵戎相见"，像个"易燃品"，见火就着。倘若你是个"急性子"，更应学会自我控制，遇事时要学会变"热处理"为"冷处理"，考虑过各个选项的后果后再做决定。

我们不是神，对一些事情考虑不周是正常的，在做决定时我们也要经常提醒自己这一点。因为思虑不周所以更不能冲动，一定要控制好自己的感情，面对问题时尽量保持冷静。

管理不好情绪的人，不可能管理好自己的人生

情绪化的人感情丰富、细腻，有时甚至接近于神经质。具有这一性格特点的人其意志常为情绪所左右，所以有时容易失去理智，易得罪人。但是他们大多心地善良，富有爱心，很少会记仇，更不会去算计别人。但是缺点是有点浮躁，缺乏稳健与踏实的作风，不易取得他人的信任。

自从改革开放以后，某厂厂长大刀阔斧地对本企业进行了一系列改革。采用了一套适应市场需要的灵活经营方式，打破了企业内部分配的大锅饭。他的这些创举得到了政府部门充分的肯定。然而，在顺境中，他飘飘然起来，看到市场上西装走俏，利润大，未作更深入调查，便盲目决定用国家贷款再建三栋大楼，并从日本引进年产30万套西装的生产线，要把工厂办成垄断式的集团企业。

当时有人提醒他，是否应该稳妥一些，调查调查再实施，但他听不进去，并说："只要有决心，没有做不到的事。"殊不知，他的西装大楼尚未完工，服装市场上的"西装热"已经从顶峰跌到了低谷。原价七八十元一套的西装，大削价，减至二三十元也卖不出去，大量积压。有的顾客说我买得起穿不起，几年的熨、洗费超过衣服价。

某厂长于是陷入了困境，他四出求援，想得到哪怕是小批量西装订货，以缓解当时资金的紧张，得到的答复是已经积压，无法再订。结果焦头烂额，四面楚歌，只得破产。

情绪化的人容易冲动，因而影响对事物的客观判断，这样的人也很难与人和谐相处，所以这种性格是需要合理改善的。成功者之所以成功，就是他们善于把握和控制自己的情绪，做自己情绪的主人。这是我们每一个渴望成功的人都应该借鉴的宝贵经验。

辑六　换一种性格　一个人的失败，很大程度上因为性格的缺陷

Part 3
性格中的依赖，是对生命最大的束缚

最痛苦的事，不是失败，是我本可以。人这一生，与其等着别人赏赐，不如亲自去尝试。努力的意义，并不仅仅是为了金钱和名誉，最重要的是，它让你认清自己，让你看见原来自己还有这样的一面——可以独自跨越重重荆棘，爆发出巨大的潜能，在没有听从命运安排的情况下，也成了这么好的人。

习惯于依赖的人，他的生命力趋向于零

一只住在山上的鸟与住在山下的鸟在山脚下相遇。山上的鸟说："我的窝刚搭好，参观参观吧。"山下的鸟便跟着去了，到那儿一看——什么鸟窝？不就是光秃秃的石缝里放着几根干草吗？

"看我的去。"山下的鸟带着山上的鸟来到一家富人的花园。

"看，那就是我的窝。"山上的鸟仰头望去，果然看到一只精致的木制鸟窝悬挂在紫荆树梢，那窝左右有窗，门面南而开，里面铺着厚厚的棉絮。

山下的鸟自豪地说："像我们这种鸟，有漂亮的羽毛，叫声又不赖。找个靠山是非常容易的。假如你愿意，以后我给你说说，搬这儿来住。"

山上的鸟没有回答，展翅飞走了，再没有回来。

不久后的一天，山上的鸟正在石缝窝里睡觉，听到门口有叫声，伸头一看，山下的鸟正狼狈地站在那儿。它身上的羽毛已不平整，哭丧着脸对山上的鸟说："富翁死了。他的儿子重建花园，把我的窝给拆了。"

依赖是对生命的束缚，是一种寄生状态。习惯于依赖的人，如果突然失去赖以为生的依靠，他的生命力将趋向于零。山下那只鸟依附在富翁家中，虽有一时的光鲜，却终敌不过石缝中的几根干草。

"坐在舒适软垫上的人容易睡去。"依靠他人，总觉得会有人为我们做任何事，所以不必努力，这种想法对发挥自助自立和艰苦奋斗精神是致命的障碍！

大卫·洛克菲勒是洛克菲勒家族第三代中最小的一个，也是最出色的一个。他的事业不在石油上，而在大名鼎鼎、位列世界十大银行第6位的曼哈顿银行上。他任该银行执行委员会主席兼总经理以后，该银行从资金20亿美元上升到资产净值34亿美元。

大卫出生于纽约市，当时洛克菲勒家族家虽然已经拥有亿万财产，可孩子们每周只能得到三角的零用钱，同时每人还必须准备一个小账本，按父亲的要求将三角钱的使用去向登记在上面，经检查后，如果使用合理，还能得到奖励。孩子们得到的零用钱随着年龄的增长而增长：12岁时，每周能得到1美元，15岁时，每周能得到2美元左右。

大卫在长大以后，已经拥有多本账本。大卫的父亲为了让孩子们从小就懂得金钱的价值，故意将其处于经济压力之下。零用钱很有限，如果想多用怎么办？方法只有一个，自己去挣。大卫小的时候就知道从家庭杂物中挣钱：捉住阁楼上的老鼠，每只可挣5分钱，而劈柴、拔杂草等杂活，

辑六　换一种性格　一个人的失败，很大程度上因为性格的缺陷

则按照时间来计算工钱。大卫有一招更绝，他设法取得了为全家擦皮鞋的特许权。然而，他必须在清晨六点以前起床，以便在全家人起床前完成工作，擦一双皮鞋5分钱，一双长筒靴1角钱。大卫在童年时代没有享受过任何超级富豪的生活，他穿着和雇工一样的普通衣服，生活既简单朴素又紧张而快乐。他有一位大学时的同学，是位大手大脚花钱的富家子弟，甚至可以在开口索要之前就能获得他想要的东西。可大卫说："他是我认识的最不幸的人，他结了三次婚，换了数次工作，永远也不会发挥自己的能力。"

若因依赖性而束缚生命的自由，这样的生命缺乏灵性。

依赖是毁灭心智的恶习，过分依赖可以让你懒惰而消极，最终没有目标和斗志。依赖对于生命力而言更是一种束缚，处处借助他人的力量去追求成功，就好比建在沙滩上的大厦，没有坚实的基础，一阵海浪过来，就会毁于一旦。

若你自己不肯努力，别人又如何救得了你

人生道路需要我们自己用脚去行走，没有谁会一直甘心做你的支撑。无论是工作还是生活，谁会跟随你一生？谁跟你形影与共？只有你自己。其实，每个人都可以成为自己的上帝，每个人也都应该成为自己的上帝，当人生迷失方向之时多问问自己："我该怎么办？我能怎么办？我会怎么办？"在你能对这些问题作出精确判断并着手进行解决时，你就是自己的

上帝了。

有一个年轻的农村小伙子，他很厌恶那种面朝黄土背朝天的生活。于是，他丢弃了原先的田地，独自来到城中闯荡。然而，他既没有学历，也没有技术，又好高骛远，所以几个月过去了，他始终没有找到一份合适的工作，而身上带的钱又花光了，最后不得不沦为了乞丐。

一天，已沦为乞丐的他听人说，城里住着一位大师，只要诚心去拜访他，他就能给你一个改变命运的秘诀。

于是，小伙子四处打听，终于找到了那位大师。小伙子来到大师家里，大师并没有因为他是乞丐而轻待他。相反，还礼貌地请他入座，并亲手给他倒上了一杯茶。然后，大师才微笑着问："我有什么能够帮助你的吗？"

小伙子十分感激大师的尊重，连忙说："您能告诉我一个改变命运的秘诀吗？我想变得富有起来。"

听完，大师略带疑惑地问："那你能告诉我，你为什么会沦为乞丐吗？"

这个小伙子顿感无比羞愧，他低下头喃喃说道："因为我厌倦了耕种，希望在城里找到一条发财的路子，然而一切并非我想象的那样简单。"

大师不解地问："那你现在为什么不回到家里，重新开始呢？"

小伙子嗫嚅道："现在我都沦为乞丐了，还有什么面目回去呢？多丢人啊！"

大师又问："那你现在家里还有什么呢？"

小伙子回答说："除了我这个人，就是几亩早已荒芜的土地了。"

此时，大师点了点头，说道："这两个条件足以使你改变命运了。你回家去吧。"

然后，大师递给小伙子一包花籽，解释道："等你拉一马车花瓣来，

辑六　换一种性格　一个人的失败，很大程度上因为性格的缺陷

我可以告诉你一个炼金的秘诀，而花瓣就是炼金所必需的引子。"

小伙子千恩万谢地离开了大师的居所，毫不犹豫地回到了乡下。他不知疲劳地劳作，那些荒芜的土地重新被开垦起来。然后，他把大师交给他的那些花籽播种在里面。

第一年，他只采得了一竹篓花瓣，因为他留下了大半花朵任其成熟结籽。然后，继续扩大栽种。

第二年，他采集了满满一大马车晒制好的花瓣，来到城里。他再一次找到了大师，恳求说："炼金的引子，我已经弄来了，您可以告诉我秘诀了吗？"

大师看着那一马车晒制好的花瓣，颇为惊讶地说："这就是你炼出的金子呀！"

原来，这些花瓣是一种名贵的中药材。大师让他卖给城里的一些药铺。那些药铺见小伙子栽种的药材成色好，而且价格还便宜，纷纷与他签订供货合同。

临走时，小伙子拿出很多钱来欲送给大师，却被大师谢绝了。

小伙子异常感激地说："谢谢您，是您改变了我的命运，您是我的大恩人啊！"

大师却微笑着摇了摇头说："不要谢我，感谢你自己吧！如果你不肯付出努力，谁又能救得了你呢？"

这个世界上，很多人就像那个小伙子一样，一心等待别人的帮助，以为只有借助外力，才能够改变自己"悲惨"的命运。一如一些鱼儿，只是随波逐流，等待大自然的赐予，赐予它们丰盛的食物，全新的、安定的生活，可是它们等到的，却是沙滩上的搁浅，无力进退，生命风干。然而还有一些鱼儿，它们一直在尝试改变命运，或是逆流而上跃过龙门，或是强化自己成为霸主，它们，才是大海真正的主人。

同样，你才是自己的救世主，如果你不肯付出努力，谁又救得了你？所以，当你自以为困难重重的时候，不要一直啜泣等待救世主的出现，因为你完全有能力改写自己的命运，你可以顽强地活下去，而且会活得更好。事实上，这个世界根本没有什么救世主，除了我们自己。

依靠自己，才能获得真正的成功

人活世上，总有自己的追求。总有自己的理想，想做大事业，想登上顶峰。然而，人性的深处，总有那么一丝慵懒。明知守株待不来兔，却总想天上掉馅饼。希望有人可以依赖，可以帮助自己实现理想。但是，俗话说，"靠山山会倒，靠人人会跑"。长期依赖别人，只会使自己越来越懒，什么都等着别人来帮自己，时间久了，甚至连自己曾经娴熟的技能和拥有的成就都会丢掉。要知道，在这个世上不要过分依赖任何人，因为即使是你的影子都会在某些时候离开你。

多年前的一个傍晚，一个叫杰克的青年，站在河边发呆。这天是他30岁的生日，可他不知道自己是否还有活下去的勇气。因为杰克从小在福利院生活、长大，身材矮小，也不漂亮，讲话又带着浓重的乡土口音，连最普通的工作都不敢去应聘，没有工作也没有家。他觉得自己失败极了，而这一切都源于他没有父母可以依靠，没有亲戚可以依靠，没有一个可以让他依靠的人。

就在杰克徘徊于生死之间的时候，他的好友约翰兴冲冲地跑过来对他

辑六 换一种性格 一个人的失败，很大程度上因为性格的缺陷

说："杰克，告诉你一个好消息！我刚从收音机里听到一则消息，拿破仑曾经丢失了一个孙子。播音员描述的特征，与你毫不相差尸"真的吗？我竟然是拿破仑的孙子！"杰克一下子精神大振，联想到爷爷曾经以矮小的身材指挥着千军万马，用带着泥土芳香的法语发出威严的命令，他顿时感觉自己矮小的身体里也同样充满力量，讲话时的乡土口音也带着几分高贵和威严。

就这样，凭着他是拿破仑的孙子这一"美丽的谎言"，凭着他要成为"拿破仑"的强烈欲望，30年后，他竟然成了一家大公司的总裁。后来，他请人查证了自己并非拿破仑的孙子，但这早已不重要了。

在这个世界上，有很多人和杰克一样，只因为没有可以依靠的人就否定自己的一切，忽略了自己身上所具有的潜力。有些人在面对困境时，想的不是自己如何克服困难、战胜困难，而是自己可以找谁帮助自己，自己可以依赖谁。这样的想法并不能让我们真正地成长，真正地获得成功。依靠别人得到的成功就像用稻草建成的房子，大风一吹，房子就塌了。只有自己去努力，去发掘自己的潜力，不依赖他人，我们的成功才会像宫殿般坚固，不会被狂风吹倒。哪怕因为地震而坍塌，我们仍然有能力再重新建造一座属于自己的城堡，也许重新建造的城堡会比之前的宫殿更加坚固。

Part 4
性格中的软弱，是生命最大的羁绊

在人生攀登的崎岖小路上，无力感随时都会出现，特别是在人劳累、困乏、困惑的时候，这需要加倍警惕。软弱往往伴随着懈怠，使一个人的活动积极性与能力大大降低。虽然偶尔短时间地自感无力是正常现象，但当它成为一种性格就是一场灾难了。

向别人要同情的人，是极其卑微的可怜人

为什么我们的两颗眼珠都是朝着前方？那是因为我们要多看看别人，不要只看自己。为什么我们的两只胳膊都朝里面弯？因为我们要多靠自己，尽量不要依赖别人。可是，有些自以为聪明的人往往违背了生命的本意，他们的两只眼睛总是盯着自己是否得到了什么，而两只胳膊又总是伸向别人，去要求、去索取，就像寄生虫一样地活着。更有甚者，甚至索性用卑微的态度去博取同情，用抱怨的话语去求得认同，事实上，你得到的不是同情与认同，而是越来越重的鄙夷。到最后，连你自己都会在这些负

辑六　换一种性格　一个人的失败，很大程度上因为性格的缺陷

面的念头中彻底沉沦。

我们来看看下面这则故事，看看那些可怜的人：

史密斯走出办公大楼，身后突然传来"嗒……嗒……嗒……"的声音，很显然，那是盲人在用竹竿敲打地面探路。史密斯愣了片刻，接着，他缓缓转过身来。

盲人觉察到前方有人，似乎突然矮了几公分，蜷着身子上前哀求道："尊敬的先生，您一定看得出我是个可怜的盲人吧？您能不能赏赐这个可怜人一点时间呢？"史密斯答应了他的请求，"不过，我还有事在身，你若有什么要求，请尽快说吧。"他说。

片刻之后，盲人从污迹斑斑的背包中掏出一枚打火机，接着说道："尊敬的先生，这可是个很不错的打火机，但是我只卖2美元。"史密斯叹了口气，掏出一张钞票递给盲人。

盲人感恩戴德地接过钞票，用手一摸，发现那竟然是张百元美钞，他似乎又矮了几公分："仁慈的先生啊，您是我见过最慷慨的人，我将终生为您祈祷！愿上帝保佑您一生平安！先生您知道吗？我并非天生失明，我之所以落到这步田地，都是拜15年前迈阿密的那次事故所赐！"

史密斯浑身一颤，问道："你是说那次化工厂爆炸事故？"

盲人见史密斯似乎很感兴趣，说得越发起劲："是啊，就是那一次，那可是次大事故，死伤好多人呢？！"盲人越说越激动："其实我本不该这样的，当时我已经冲到了门口，可身后有个大个子突然将我推倒，口中喊着'让我先出去，我不想死！'而且，他竟然是踩着我的身子跑出去的！随后，我就不省人事，待到我从医院中醒来，就已经变成了这个样子！"

谁知，史密斯听完以后，口气突然转冷："霍华德，据我所知，事情并不是这样，你将它说反了！"

盲人亦是浑身一颤，半晌说不出一句话来。史密斯缓缓地说："当时，

我也在迈阿密化工厂工作，而你，就是那个从我身上踏过去的大个子，因为，你的那句话，我这一生也忘不了！"

盲人怔立良久，突然一把抓住史密斯，发出变调的笑声："命运是多么的不公平！你在我身后，却安然无恙，如今又能出人头地，我虽然跑了出来，如今却成了个一无是处的瞎子！这灾难原本是属于你的，是我替你挡了灾，你该怎么补偿我？！"

史密斯十分厌烦地推开盲人，举起手中精致的棕榈手杖，一字一句地说道："肖恩，你知道吗？我也是个瞎子，你觉得自己可怜，但我相信我命由我不由天！"

遭遇相同，境遇却大相径庭。有人甘愿沦落，以落魄博取同情，有人自食其力，博得个满堂红。这便是"能人"与"懦夫"的区别。

那么，当你看见犹如这位盲人一般猥琐的人时，心中是否产生了厌恶感呢？请注意，不要让自己成为那样的人。你抱怨再多，也不可能改变现状，唯有行动才能帮助你开辟一片属于自己的天地；你处境再难，也不是沉沦的借口，同情不可能将你从深渊中拯救。不要让别人觉得你可怜，无论我们最终会成为什么样的角色，但你必须是自己生命中的主角。你时常去求人，低三下四、低眉顺眼，或许可以得到别人的怜悯，但不会长久，没有人愿意为你无休止地奉献。更何况，那是一种人性自尊的损伤，也是一种个性缺失的悲哀，这样的人生没有多大意义，这样的你将注定无法与别人处在一条平等线上。

辑六　换一种性格　一个人的失败，很大程度上因为性格的缺陷

一味逆来顺受，就会成为别人刀板上的肉

人类社会与自然界亦有相似之处，即便你不愿意看到，但"弱肉强食"的事情确实时有发生。有那么一些人，或是仗着自己身强体壮，或是仗着位高权重，总是喜欢占别人的便宜，将自己凌驾于别人之上。面对这种人，倘若你心甘情愿地做"受气包"，那么就永远只能成为他们刀板上的肉。

有道是："人善被人欺，马善被人骑。"马因为性情温顺，就只能成为人的坐骑，任人鞭打，供人驱使。人善，过于厚道、心软、服从、软弱、畏缩、缺乏主见，不争不抢、不会拒绝人家，就容易被人欺负、利用。当然，这样说并不是要大家做恶人，毕竟好人才有好报，好人才能受到尊重。事实上，我们完全可以继续保持自己"好"的特性，无须将自己变坏，况且真的叫你由好变坏也不容易。只是我们在面对社会中的险恶之人时，应懂得保护自己。

有这样一则故事，读过之后会让我们有所领悟：

某重点中学一个班集体里，一位学生生性腼腆，显得有些胆小怕事，遇事总是能忍则忍，因而，虽然班里的绝大多数同学对他并无恶意，但在不知不觉中已然把他当成一个理所当然的、应该牺牲个人利益的人。譬如，看电影时他的票被别人拿走、春游时他只能给大家看包儿，等等。但在实际上，这位同学是非常渴望与别人一样，能够得到属于自己的那份利

益与欢乐的。

因为他的软弱和过分忍让，这种情况一直持续了很久。但终于有一天，他感到忍无可忍了，一向与世无争的他来了个大爆发。原来，一场非常精彩的演出又没有他的票，那里可有他非常喜爱的艺人。他脸色十分阴沉，终于爆发了雷霆之怒，激动的声音令所有人都目瞪口呆。虽然那场演出的票很少，但是他还是在众目睽睽之下拿走了两张票，甩门而去。大家在惊讶之余似乎也领悟到了什么。但无论怎么说，在以后的日子中，同学们对他的态度有了极大的转变，再也没有人敢未经他同意便大咧咧地侵占他的权益了。

类似的情况在生活中并不少见，有些不讲理的人，在不该大声喊叫时，却偏偏叫嚣不停，甚至还吹胡子瞪眼百般威胁。不过，这一类人通常都是纸老虎，只要你拿出骨气据理力争，很轻松就可以击垮他们。此外，还有一些人自视过高，目中无人，不但对你提出无理的要求，甚至还强迫你无条件地接受。遇到这种情况，千万不要示弱，不要丢失你的骨气，要让他们知道，谁都不可以随便欺负你！

著名国画大师徐悲鸿大师说过："人不可有傲气，但不可无傲骨。"真可谓一针见血，发人深省。的确，人一旦有了傲气，往往就会自命不凡、眼高于天，似乎天下唯他独大，这已然为日后的失败埋下了伏笔。然而，傲气虽不可有，但傲骨绝不能无。所谓傲骨，就是一种志气，是一种自信，是一种坚韧不拔、不卑不亢的性格。中国人向来推崇韬光养晦，就是要把傲气摒除于外，但前提是必须要有傲骨，这是做人的原则。

你要知道，谁也不是天生的"受气包"，那些一直被人踩在脚下、肆意踩躏的人，之所以久久不能逃离"受气"的怪圈，恰恰是因为他们自己绊住了自己。他们虽然不愿意、不心甘，但一直不敢反抗，他们在第一次受气时就选择了放弃，因而形成了恶性循环——你认为自己可以忍受，别

辑六　换一种性格　一个人的失败，很大程度上因为性格的缺陷

人就觉得你应该逆来顺受。因此，你越是忍气吞声，你就要受越多的气。

那么，该怎样才能打破这种恶性循环呢？

首先，你要有自己做人的原则。人一旦有了确定的原则，则必然有所为，有所不为。譬如，宁舍生取义，也不助纣为虐，等等。有了一定的原则，当别人对我们提出无理要求时，我们自然不会逆来顺受。

其次，适度地表示自己的抗议。有些人就是欺软怕硬，专挑软柿子捏，不过这种人多是虚有其表，外强中干，只要你勇于反抗，就一定会有效果。这种抗议必须有气势，要将你的立场鲜明地表达出来，但也没有必要得理不饶人。只要让对方认识到，你不是好欺负的、不是天生就该受别人气的即可。

其实，许多人之所以选择忍气吞声的生存方式，正是因为其骨子里患得患失，前怕狼后怕虎，是自己的主观意识吓倒了自己。而事实上，拍案而起，捍卫自己的正当权益，这是再自然不过的事情，是必要、必需的生存手段。若是能去除心理因素的影响，卸掉精神包袱，相信你一定会生活得更开心、更自在。

总而言之，不想被人欺负，就要学会武装自己。当然，这不是要你去主动攻击别人，但你必须能够保护自己，就像狼一样，起码要保证自己的合法利益不受侵犯。否则，夹着尾巴做人，事事替他人做嫁衣，难道你不感到悲哀吗？

要知道，没有第一次反抗，永远不会有第二次反抗，你自然也就无法摆脱"受气"的命运。相反，有了第一次反抗之后，你就会知道"事情其实就是那么简单"，你自然有勇气去进行更多次的反抗。无须多久，你就能够修正自己的心理模式和社交方式，由一个人见人欺的受气包，变成一个腰板挺直的"女强人""大丈夫"。

坚持你的原则，不要任凭别人去摆布

不能坚持自己原则的人，就好像墙上的无根草，随风飘摆不定，找不到自己的方向。这样的人，是得不到别人信任的，更谈不上成功。如果你自己都不确定想要什么，不要什么，别人又怎么给你呢？所以不要为了谋取小功小利而不择手段，甚至放弃自己的最后一项原则。一旦原则丧失，未来就只能任凭别人的摆布与欺骗。

国外某城市公开招聘市长助理，要求必须是男人。当然，这里所说的男人指的是精神上的男人，每一个应考的人都理解。

经过多番角逐，一部分人获得了参加最后一项"特殊的考试"的权利，这也是最关键的一项。那天，他们云集在市府大楼前，轮流去办公室应考，这最后一关的考官就是市长本人。

第一个男人进来，只见他一头金发熠熠闪光，天庭饱满，高大魁梧，仪表堂堂。市长带他来到一个特建的房间，房间的地板上撒满了碎玻璃，尖锐锋利，望之令人心惊胆寒。市长以威严的口气说道："脱下你的鞋子！将桌子上的一份登记表取出来，填好交给我！"男人毫不犹豫地将鞋子脱掉，踩着尖锐的碎玻璃取出登记表，并填好交给市长。他强忍着钻心的痛，依然镇定自若，表情泰然，静静地望着市长。市长指着大厅淡淡地说："你可以去那里等候了。"男人非常激动。

市长带着第二个男人来到另一间特建房间，房间的门紧紧关着。市长

辑六　换一种性格　一个人的失败，很大程度上因为性格的缺陷

冷冷地说："里边有一张桌子，桌子上有一张登记表，你进去将表取出来填好交给我！"男人推门，门是锁着的。"用脑袋把门撞开！"市长命令道。男人不由分说，低头便撞，一下、两下、三下……头破血流，门终于开了。男人取出登记表认真填好，交给了市长。市长说道："你可以去大厅等候了。"男人非常高兴。

就这样，一个接一个，那些身强体壮的男人都用意志和勇气证明了自己。市长表情有些凝重，他带最后一个男人来到特建房间，市长指着房间内一个瘦弱老人对男人说："他手里有一张登记表，去把它拿过来，填好交给我！不过他不会轻易给你的，你必须用铁拳将他打倒……"男人严肃的目光射向市长："为什么？""不为什么，这是命令！""你简直是个疯子，我凭什么打人家？何况他是个老人！"

男人气愤地转身就走，却被市长叫住。市长将所有应考者集中在一起，告诉他们，只有最后一个男人过关了。

当那些伤筋动骨的人发现过关者竟然没有一点伤时，都惊愕地张大了嘴巴，纷纷表示不满。

市长说："你们都不是真正的男人。"

"为什么？"众人异口同声说。

市长语重心长地说道："真正的男人懂得反抗，是敢于为正义和真理献身的人，他不会选择唯命是从，做出没有道理的牺牲。"

……

我们是不是应该从中感悟到点什么？人的成功离不开交往，交往离不开原则。只有坚持原则的人，才能赢得良好的声誉，他人也愿意与你建立长期稳定的交往。坚持原则还使人们拥有了正直和正义的力量。这使你有能力去坚持你认为是正确的东西，在需要的时候义无反顾，并能公开反对你确认是错误的东西。

坚持原则还会给我们带来许多，诸如友谊、信任、钦佩和尊重，等等。人类之所以充满希望，其原因之一就在于人们似乎对原则具有一种近乎本能的识别能力，而且不可抗拒地被它所吸引。

那么，怎样才能做一个坚持原则的人呢？答案有很多，其中重要的一个是：要锻炼自己在小事上做到完全诚实。当你不便于讲真话的时候，不要编造小小的谎言，不要在意那些不真实的流言蜚语，不要把个人的电话费用记入办公室的账上，等等。这些听起来可能是微不足道的，但是当你真正在寻求并且开始发现它的时候，它本身所具有的力量就会令你折服。最终，你会明白，几乎任何一件有价值的事，都包含着它自身不容违背的内涵，这些将使你成功做人，并以自己坚持原则为骄傲。

每个人都应该这样——保持本色，坚守做人的原则，不忘我们做人之根本，是我们在这个世上立足立身之基础所在。

辑七　换一种习惯
甩掉一个坏习惯，就等于迎来一个好伴侣

　　习惯是一种顽强而巨大的力量，它可以主宰人生。好习惯是人在神经系统中存放的资本，这个资本会不断地增长，毕生就可以享用它的利息。而坏习惯是无法偿清的债务，这种债务能以不断增长的利息折磨人，使人失败，并把人引到破产的地步。

Part 1
抛弃时间的人，时间也会抛弃他

时间，这个永恒的话题，从古至今有多少人在说？而又有多少人在后悔？多少人在惋惜中劝慰着后代子孙："韶华难留，惜时如金。"可是，有多少人仍然不能猛醒——时间不是用来浪费的！

浪费时间，就是在浪费本就有限的生命

"逝者如斯夫，不舍昼夜。"时光在飞速地流逝，任谁也不能拦住它停留片刻。正是从这种时光的不可抗拒的流逝中，我们领悟到了生命的宝贵和人生的意义所在，从而懂得了必须珍惜时间，珍惜现在可以把握的今天，过好自己的人生。事实上，面对时间的流逝，我们每个人随时都在对自己的人生作出选择。寻欢作乐、无所作为、游戏人生是选择；孜孜不倦、争分夺秒、埋头苦干也是选择。不同的选择把我们导向不同的生活之路，使人生呈现出不同的色彩与价值。

苏联作家奥斯特洛夫斯基在其名作《钢铁是怎样炼成的》一书中，借

辑七　换一种习惯　甩掉一个坏习惯，就等于迎来一个好伴侣

主人公保尔·柯察金之口说过这样一段名言："生命属于每个人只有一次，人的一生应当这样度过：当你回首往事时，不因虚度年华而感到悔恨，也不因碌碌无为而感到羞耻。"的确，我们应珍惜时间。时间能给勤奋的人以智慧和力量，能给懒惰的人以悔恨和惆怅。如果你希望它能给你智慧和力量，那么一定要珍惜时间，珍惜今天。

众所周知"一寸光阴一寸金"，但真正理解它、明白它内涵的人不多。时间是最特殊、最易消耗、最不受重视、最没有等待性的资源。它时时刻刻都从我们身边流过。

每一个人的生命是有限的，那么所属于他的时间也是有限的。当一个人走到生命尽头的时候，他的时间也就此停止了。古往今来，珍惜时间的事例不计其数。巴尔扎克深知时间的宝贵，独自埋头于阁楼奋笔疾书，写出巨著。齐白石青年时期，抓紧放牛打柴的时间，用心钻研绘画艺术，最后成为著名画家。作家姚雪垠的座右铭是：下苦功，抓今天。他的苦功都在抓每一个"今天"中落实了，从而完成了《李自成》这部杰出的著作。导师马克思又是如何看待时间的呢？他从来不把时间用在无谓的、没有节制的娱乐、消遣上。工作之余，他甚至把翻一翻字典作为休息，正是这样，他终于写出了巨著《资本论》。

历史上懂得如何珍惜时间而成功的例子不胜枚举，由于拖延、浪费时间而导致失败的例子也很多。拿破仑就曾在一次战役中，放了士兵一天假而延误了战机，导致战役的失败。

树枯了，有再青的时候；叶子黄了，有再绿的时候；花谢了，有再开的时候；鸟儿飞走了，有再飞回来的时候；而生命停止了，却没有再复活的时候。时间的流逝永不停止，它一步一程，永不回头。时间对每个人又都是平等的，它不会因为你是勤劳者而多给，也不会因为你是懒惰者而少给。所以你就更应该珍惜时间，因为时间是生命的构成。珍惜

时间才能得到财富，爱惜时间的人，时间就属于他，放弃时间的人，时间就放弃他。

对零碎时间的掌握，是促成成功的一大因素

我们每天的生活和工作时间中都有很多零碎时间，不要认为这种零碎时间只能用来例行公事或办些不太重要的杂事。最优先的工作也可以在这少许的时间里来做。如果你照着"分阶段法"去做，把主要工作分为许多小的"立即可做的工作"，那么你随时都可以做些费时不多却重要的工作。

因此，如果你的时间被那些效率低的人影响而浪费掉了，请记住，这是你自己的过失，不是别人的过失。

美国近代诗人、小说家和出色的钢琴家爱尔斯金善于利用零散时间的方法和体会颇值得借鉴。他写道：

"其时我大约只有14岁，年幼疏忽，对于卡尔·华尔德先生那天告诉我的一个真理未加注意，但后来回想起来真是至理名言，以后我就得到了不可限量的益处。"

"卡尔·华尔德是我的钢琴教师。有一天，他给我教课的时候，忽然问我：每天要练习多少时间钢琴？我说大约三四个小时。"

"你每次练习，时间都很长吗？是不是有个把钟头的时间？"

"我想这样才好。"

"不，不要这样！"他说，"你将来长大以后，每天不会有长时间的空闲的。你可以养成习惯，一有空闲就几分钟几分钟地练习。比如在你上

辑七　换一种习惯　甩掉一个坏习惯，就等于迎来一个好伴侣

学以前，或在午饭以后，或在工作的空余时间，5分钟、5分钟地去练习。把小的练习时间分散在一天里面，如此则弹钢琴就成了你日常生活中的一部分了。"

"当我在哥伦比亚大学教书的时候，我想兼职从事创作。可是上课、看卷子、开会等事情把我白天晚上的时间完全占满了。差不多有两个年头我一字不曾动笔，我的借口是没有时间。后来才想起了卡尔·华尔德先生告诉我的话。到了下一个星期，我就把他的话实践起来。只要有5分钟左右的空闲时间我就坐下来写作一百字或短短的几行。"

"出乎意料，在那个星期的终了，我竟写出了相当多的稿子准备自己来修改。"

"后来我用同样积少成多的方法，创作长篇小说。我的教授工作虽一天比一天繁重，但是每天仍有许多可供利用的短短余闲。我同时还练习钢琴，发现每天小小的间歇时间，足够我从事创作与弹琴两项工作。"

"利用短时间，其中有一个诀窍：你要把工作进行得迅速，如果只有5分钟的时间给你写作，你切不可把4分钟消磨在咬你的铅笔尾巴。思想上事前要有所准备，到工作时间来临的时候，立刻把心神集中在工作上。迅速集中脑力，不像一般人所想象的那样困难。我承认我并不是故意想使5分、10分钟不要随便过去，但是人类的生命是可以从这些短短的闲歇闲余中获得一些成就的。卡尔·华尔德对于我的一生有极重大的影响。由于他，我发现了极短的时间如果能毫不拖延地加以充分利用，就能积少成多地供给你所需要的长时间。"

这就是爱尔斯金的时间利用法。小额投资足以致富的道理显而易见，然而，很少有人注意，零碎时间的掌握却足以叫人成功。在人人喊忙的现代社会里，一个愈忙的人，时间被分割得愈细碎，无形中时间也相对流失得更迅速，其实这些零碎时间往往可以用来做一些小却有意义的事情。例

如袋子里随时放着小账本，利用时间做个小结，保证能省下许多力气，而且随时掌握自己的经济情况。常常赶场的人可以抓住机会反复翻阅日程表，以免遗忘一些小事或约会，同时也可以盘算到底什么时候该为家人或自己安排个休假，想想自己的工作还有什么值得改进的地方，尝试给公司写几条建议等。只要你善于利用，小时间往往能办大事。

一个只知道抱怨时间不够用的人是因为不善于利用零碎的时间，不会挤时间做一些必须要做的工作。那些时间的"边角料"收集起来其实是一笔不小的财富，我们应该学会利用零碎的时间为自己服务。

充分利用时间，才不辜负这极珍贵的资源

能做更多的事情，并不一定是比别人有更多的空闲时间，而是比别人使用时间更有效率。成功或是失败，很大程度上取决于你怎样去分配时间，一个人的成就有多大，要看他怎样去利用自己的每一分时间。

A 与 B 同住在乡下，他们的工作就是每天挑水去城里卖，每桶 2 元，每天可卖 30 桶。

一天，A 对 B 说道："现在，我们每天可以挑 30 桶水，还能维持生活，但老了以后呢？不如我们挖一条通向城里的管道，不但以后不用再这样劳累，还能解除后顾之忧。"

B 不同意 A 的建议："如果我们将时间花在挖管道上，那每天就赚不到 60 块钱了。"二人始终未能达成一致。于是，B 每天继续挑 30 桶水，挣

辑七 换一种习惯 甩掉一个坏习惯，就等于迎来一个好伴侣

他的 60 元钱，而 A 每天只挑 25 桶，用剩余的时间来实现自己的想法。

几年以后，B 仍在挑水，但每天只能挑 25 桶。那么 A 呢？——他已经挖通了自来水管道，每天只要拧开阀门，坐在那里，就可以赚到比以前多出几倍的钱。

其实很多人正和 B 一样。他们在工作中懒懒散散，每天眼巴巴地看着钟表，希望下班时间早点来到，结束这"枯燥""乏味"的工作；回到家中，他们依然如故，除了洗衣、做饭、吃饭、睡觉，以及必要的外出，几乎就等待新一天的到来。他们得过且过，眼中只有那"60 元"钱，不断在时光交替中空耗生命。但他们却丝毫不知，自己正在浪费生命中最珍贵的东西。

放眼中国，现阶段就业空间有限，各行业、各领域人才济济，高学历、高能力者比比皆是。每一个人，包括那些自主创业者，都将面临最残酷的竞争考验。这种形势下，公司不再是你生活品质的保障，更无法保证你的未来，难道我们就坐以待毙吗？换言之，既然是我们的未来，为什么要把它交托给别人？为什么不把时间合理利用起来，让自己随着时间的推移，变得越来越强大？

很显然，我们需要有效地应用时间这种资源，以便我们有效地取得个人的重要目标。需要注意的是，时间管理本身永远也不应该成为一个目标，它只是一个短期内使用的工具。不过一旦形成习惯，它就会永远帮助你。

那么，如果你对今天的生活不满意，就应该反思几年前的行为；如果你希望几年后有所改变，从今天起就要学会好好利用时间。每天挑 30 桶水能赚 60 元钱，那生病时、年迈时又该如何？若是能在保证正常生活的情况下，充分、高效地利用时间，打通一条通向未来的管道，岂不是等于购买了一份"养老保险"？

Part 2
很多本来可以优秀的人，却被拖延给绊倒了

　　拖延是尘封梦想的地狱，拖延是埋葬潜能的坟墓。多数人的碌碌无为与虚度年华，皆因拖延所致，任何的憧憬、理想和计划，都会在拖延中落空。拖延，只能让他人领先。然而，拖延只是一种习惯，你依然有能力改变它，只要你愿意，现在还不晚。

人生走到什么地步，往往是能否决断的结果

　　机会难得，而如果有了机会，你又不能抓住，迟迟难以下决断，就不能成功。"当断不断，必有后患"，这句话在许多人竞争同一目标的情况下往往很正确。

　　见机而动，关键是要善于看准机会。而这需要敏锐的眼光，并在有一定把握的条件下当机立断，勇于实践，否则，时机稍纵即逝，永远抓不住机会，也永远得不到成就事业的甜美果实。

　　事实上，人的一生走到什么地步，都是自己遇事决断抓得住机会的

辑七　换一种习惯　甩掉一个坏习惯，就等于迎来一个好伴侣

结果。

有一个小伙子走在街上，他心情非常不好，因为他还在为刚才没有做成的生意而懊恼着。这个时候，他走进了一家旅店，刚一进门就被吵昏了头，原来是旅店里面的客满了，人们都相互抱怨着。

就在这个时候，出现了一位绅士，他逐一把这些没有床位的人都轰走了，说："请明天早晨八点再来吧，也许那时你们会有一些好运气！"小伙子听完这位绅士的话之后，真的想大发脾气，因为他自己并不缺钱，可是如今却连一个睡觉的地方都买不到！但是这位小伙子还是非常礼貌地对这位绅士说："先生的意思是你让他们睡八个小时便做第二轮生意？""当然，一天到头可做三轮生意，人多得像臭虫一样！""你是这儿的老板吗？""当然，整天被旅店拴着，想出去开油田多挣点钱都不成。"

小伙子听完之后有些兴奋，说道："先生，如果有人买这家旅店，你会出售吗？""当然，有谁愿意出5万美元，我这里的东西就属于他了。"小伙子听到这里几乎叫了起来："先生，那你可以去开油田了，你已经找到了买主。"

小伙子只用了不长的时间翻看了账簿，就发现这个头脑中想着靠石油发财的家伙是个傻瓜。因为这家旅店的生意一直不错，财源滚滚，最后小伙子毫不犹豫地将它买了下来。

后来这个小伙子成了全美最大的旅店老板，而这个小伙子就是后来的希尔顿。

历史上有影响的人物都是能果断做出重大决策的人。一个人如果总是优柔寡断，在两种观点中游移不定，或者不知道该选择两件事物中的哪一件，这样的人将不能很好地把握自己的命运。他生来就属于别人，只是一颗围着别人转的小卫星。果断敏锐的人绝不会坐等好的条件，他们会最大限度地利用已有的条件，迅速采取正确的行动。

行动不一定决定成功,但没有行动肯定没有成功

　　成功是一种实践活动,它始于想法,成于行动。光有想法而不去干,成功就是空谈。平凡的成功者总是靠着正确的想法和行动,一步一步踏上了自己的成功之路。

　　在众多人当中,感觉敏锐但行动迟钝的大有人在,他们看到别人成功后会说:"早在几年前我就看出这个机会了,只是没有去做。"没有去做,当然要怪自己。没有果断的行动,一切梦想都只能化作泡影。

　　蔡大明是温州一个知名度相当高的鞋业公司的老板,他有一个弟弟叫蔡大亮,家住在农村。在我国刚刚改革开放之初,兄弟二人凭借南方人特有的市场敏锐力,几乎同时看到了政府的富民政策给国家带来的巨大变化,人们开始摆脱了过去那种自给自足的生活方式,穿衣戴帽都趋向了商品化。于是,蔡大明和蔡大亮兄弟俩同时决定每人办一个制鞋厂。

　　蔡大明说干就干,在他作出决定后,就马上行动起来,请来了师傅,招聘了工人,买来了机器,采购了原料,不出半个月,蔡大明就把产品推向了市场。而蔡大亮则犹豫不决,行动迟缓,他想先看看哥哥干的结果如何,然后再决定是否行动。

　　刚开始的时候,蔡大明的制鞋厂办得并不顺利。一会儿市场打不开,产品销路不畅通;一会儿资金出了问题,周转不灵;一会儿财务人员管理跟不上,生产管理混乱;一会儿工资不能按时发放,工人生产的积极性下

辑七　换一种习惯　甩掉一个坏习惯，就等于迎来一个好伴侣

降，在厂里闹情绪。总而言之，几乎农民企业家创业能遇到的问题蔡大明全遇上了。看到这些，蔡大亮暗自庆幸自己明智，心想：自己多亏没有像哥哥那样立即行动，否则也会像他那样步履维艰。

蔡大明的制鞋厂的确遇到了未曾料到的一些经营困难，这些困难是任何人创业的时候都可能遇到的。更何况蔡大明是改革开放之初第一批创业打天下的人，那时可供借鉴的创业经验也非常少，一切都要"摸着石头过河"。但蔡大明并未被困难击垮，凭着顽强的拼搏精神和灵活的头脑，克服了一个又一个困难，在一年之后，他的制鞋厂终于渡过了难关，给了蔡大明一个满意的回报。

这时，看到哥哥骄人的业绩，蔡大亮则后悔不迭。他经过痛苦的思考，最终还是办起了自己的鞋厂。然而，先机已失，当蔡大亮办鞋厂的时候，全国鞋厂如雨后春笋一样在温州、石狮、青岛、成都等地出现。蔡大明的鞋厂就早办了一年，这一年时间为他赢得了众多的客户和市场，而蔡大亮到至今仍客户寥落。到2000年蔡大明已在全国建起了自己的庞大行销网络，拥有资产数亿元，而蔡大亮由于没有订单，没有自己的营销网络，他只能为哥哥的鞋厂进行加工，资产连哥哥的百分之一都不到。

这就是立即行动和迟疑不决的巨大差别。兄弟俩同时看到了机会，几乎同时作出了相同的创业决定。不同的是，蔡大明的行动准则是说干就干，蔡大亮的行动准则则是在有了八九成的把握后再动手。蔡大明的行动准则是非常积极的，尽管他的行动没有十足的把握，但他的行动本身就可以弥补行为的缺陷，因而成功率非常高；蔡大亮的行动准则表面上看起来很稳妥，但这种稳妥往往却以失去机会作为巨大的代价。

在一百个把握机会却失败的事例中，至少有一半以上是因为做事不够果断导致的。要想把握住难得的机会，就要在机会面前果断决策、果断抓牢。我们反对做事一味地蛮干、瞎干，但我们更赞成、更支持、更强调瞅

准机会、有了创业设想和计划就毫不迟疑立刻行动。

　　能够抓住机会的人，下决心时十分果决，而且在执行过程中决不轻易更改决定，不管外界环境如何恶劣都坚守决定。这样的人不仅能够抢占先机，而且还能创造出越来越多的机会。

在竞争时代，快一步就意味着可以胜人一筹

　　在激烈竞争的商战中，时间是战胜对手的一个重要因素，谁在时间上领先一步，谁就有可能取得节节的胜利。只有做到这一点才能满足新时代人们的要求，并将你的技术革新变得方便实用，这样，你才会牢牢地占据市场，并以此为动力不断发展。比尔·盖茨在"卓越"软件的开发上所表现出来的眼光与胆识，就是很好的说明。而且他一再声称现在的商业竞争没有什么秘密，谁能在最短的时间内发挥出自己的优势，谁就能"称王"。

　　比尔·盖茨在长期的实践中，对这一点体会最深，也正是凭借着这一点，他才能在许多危急关头采取断然的措施，抢在别人前面，获得成功。

　　"永远比人快一步"是微软在多年的实战中，总结出来的一句名言。这句名言在微软与金瑞德公司的一次争夺战中，表现得尤其明显。

　　金瑞德公司根据市场需求，经过潜心研制，推出了一套旨在为那些不能使用电子表格的客户提供帮助的"先驱"软件。这是一个巨大的市场空白，毫无疑问，如果金瑞德公司成功，那么微软不仅白白让出一块阵地，而且还有其他阵地被占领的危险。

辑七　换一种习惯　甩掉一个坏习惯，就等于迎来一个好伴侣

面对这种情况，比尔·盖茨感到自己面临的形势十分严峻，他为了击败对手，迅速作出了反应，秘密地安排了一次小型会议，把公司最高决策人物和软件专家都集中到西雅图的苏克宾馆，整整开了两天的"高层峰会"。

在这次会议上，比尔·盖茨宣布会议的宗旨只有一个，那就是尽快推出世界上具有最高速的电子表格软件，以便赶在金瑞德公司之前占领市场的大部分资源。

微软的高级技术人员们在明白了形势的严峻性之后，纷纷主动请缨，比尔·盖茨在经过反复衡量之后，决定由年轻的工程师麦克尔挂帅组建一个技术攻关小组，主持这套软件的技术开发。麦克尔与同人们在技术研讨会议上透彻地分析和比较了"先驱"和"耗散计划"的优劣，议定了新的电子表格软件的规格和应具备的特性。

为了使这次计划得到全面的落实和执行，比尔·盖茨没有隐瞒设计这套电子表格软件的意图，从最后确定的名字"卓越"中，谁都能够嗅出挑战者的气息。

作为这次开发项目的负责人，麦克尔深知自己肩上担子的分量，对于他来说，要实现比尔·盖茨所号召的"永远领先一步"，首先意味着要超越自我、征服自我。

但是，事情的发展从来都不是一帆风顺的，现实往往出乎人们意料之外。

1984年的元旦是世界计算机史上一个影响深远的里程碑，在这一天，苹果公司正式宣布推出首台个人电脑。

这台被命名为"麦金塔"的陌生来客，是以独有的图形"窗口"作为用户界面的个人电脑。"麦金塔"以其具有更好的用户界面走向市场，从而向IBM个人电脑发起攻势强烈的挑战。

比尔·盖茨闻风而动，立即制定相应的对策，决定放弃"卓越"软件的设计。而此时，麦克尔和程序设计师们正在挥汗拼搏、忘我工作，并且"卓越"电子表格软件也已初见雏形。经过再三考虑，比尔·盖茨还是不得不作出了一个心痛的决定，他正式通知麦克尔放弃"卓越"软件的开发，转向为苹果公司"麦金塔"开发同样的软件。

麦克尔得知这一消息后，百思不得其解，他急匆匆地冲进比尔·盖茨的办公室：

"我真不明白你的决定！我们没日没夜地干，为的是什么？金瑞德是在软件开发上打败我们的！微软只能在这里夺回失去的一切！"

比尔·盖茨耐心地向他解释事情的缘由：

"从长远来看，'麦金塔'代表了计算机的未来，它是目前最好的用户界面电脑，只有它才能够充分发挥我们'卓越'的功能，这是 IBM 个人电脑不能比拟的。从大局着眼，先在麦金塔取得经验，正是为了今后的发展。"

看到自己负责开发研究的项目半路夭折，麦克尔不顾比尔·盖茨的解释，恼火地嚷道："这是对我的侮辱，我绝不接受！"

年轻气盛的麦克尔一气之下向公司递交了辞职书。无论比尔·盖茨怎么挽留，他也毫不松口。不过设计师的职业道德驱使他尽心尽力地做完善后工作。

麦克尔把已设计好的部分程序向麦金塔电脑移植，并将如何操作"卓越"制作成了录像带。之后，便悄悄地离开了微软。

爱才如命的比尔·盖茨，在听说麦克尔离开微软后，在第一时间里立即动身亲自到他家中做挽留工作，麦克尔欲言又止，始终不肯痛快答应。盖茨只好怀着失落的心情离开了麦克尔的家。

麦克尔虽然嘴上说不回微软，但他的内心不仅留恋微软，而且更敬佩

辑七　换一种习惯　甩掉一个坏习惯，就等于迎来一个好伴侣

比尔·盖茨的为人和他天才的创造力。

第二天，当麦克尔出现在微软大门口时，紧张的比尔·盖茨才算彻底地松了一口气："上帝，你总算回来了！"

感激之情溢于言表的麦克尔紧紧地拥抱住了早已等候在门前的比尔·盖茨，此后，他专心致志地继续"卓越"软件的收尾工作，还加班加点为这套软件添加了一个非常实用的功能——模拟显示，比别人领先了一步。

嗅觉灵敏的金瑞德公司也绝非无能之辈，他们也意识到了"麦金塔"的重要意义，并为之开发名为"天使"的专用软件，而这，才正是最让盖茨担心的事情。

微软决心加快"卓越"的研制步伐，以便抢在"天使"之前推出"卓越"系列产品。半个月后，"卓越"正式研制成功，这一产品在多方面都远远超越了"先驱"软件，而且功能更加齐全，效果也更完美。因此，产品一经问世，立即获得巨大的成功，各地的销售商纷纷上门订货，一时间，出现了供不应求的局面。

此后，苹果公司的麦金塔电脑大量配置"卓越"软件。许多人把这次联姻看成是"天作之合"。而金瑞德公司的"天使"比"卓越"几乎慢了3周。这3周就决定了两个企业不同的命运。

商战中，时间上的竞争优势常常可以决定一个企业的生死存亡。"卓越"的领先3周很清楚地证明了这一点。人生的竞争也与此相同，只不过有时不太明显。但需要有志者清楚地看清这一点，尽早积蓄力量，以备作战。

Part 3
前途不属于犹豫不决的人，因为犹豫的结果是错过

人若神经紧张，东盼西顾，就会犹豫不定，反把事情耽误了。耽误的结果是叫人丧志乞怜，寸步难移。前途并不属于那些犹豫不决的人，而是属于那些一旦决定之后，就不屈不挠不达目的不罢休的人。世上没有一个伟大的业绩是由事事都求稳操胜券的犹豫不决者创造的。

凡事都要犹豫，老天也不会把机会再给你

有时候，机会老人先给你送上它的头发，当你没有抓住再后悔时，却只能摸到它的秃头了，或者说他先给你一个可以抓的瓶颈，你不及时抓住，再得到的却是抓不住的瓶身了。一个人在机遇面前倘若总是优柔寡断、犹豫不决，就会遭到机遇的鄙夷与抛弃。机遇才不会等你，你不抓住，它一定会跑向别人那里。

所以说，与成功相距最远的，就是那些优柔寡断的人。其实机会已经

辑七　换一种习惯　甩掉一个坏习惯，就等于迎来一个好伴侣

出现在面前，可你呢？瞻前顾后，一会儿猜忌、一会儿顾忌，到头来却又抱怨命运不济。你这种人，缺乏主见、意志薄弱，你连自己的判断都不相信，还指望谁更信任你？更别说那些转瞬即逝的机会了。

有这样一个故事，很有哲理性，我们去看看：

据说在一个小镇的教堂里有一个十分虔诚的神父，他信仰上帝，终身未娶，到了80岁高龄还是孤零零一个人。上帝在天堂里看到了神父的虔诚，非常感动。于是打算回报神父。

于是一天晚上，神父在梦里看到了上帝。上帝对他说："我可爱的孩子，这么多年来你一直在教堂里陪伴我，这让我非常地感动。所以今天，我托梦给你，我想告诉你，明天小镇上要发洪水，很多人都会被淹死。你不必害怕，到时候我会去救你。"神父早上醒来，回忆着这个梦，心里十分高兴。

这时候，一个警察来敲教堂的窗户，并且大声喊着："神父，快跑啊，小镇上发大水了，再不逃跑就来不及了！"神父走到窗前看看，呦！果然，小镇的街道都被洪水淹了，洪水还在上涨。神父镇定地对警察说："你们先走吧。我要等上帝来救我！"

警察差点没气趴下，闷闷地走了。洪水还在上涨，进入教堂了。神父爬到了钟楼上。这时一艘汽艇开过来了，救援人员对着神父喊："神父，你再不走，就会被淹死了！"神父挥了挥手，说："孩子，你们先走吧，上帝他老人家会来救我的！"于是汽艇也走了。

洪水越来越高，神父最后没有办法，爬到教堂顶上，抱着塔尖，摇摇欲坠。他四下拿眼一看，嚄，都是水，你说这上帝去哪儿了呢？这时候就看见一架直升机开过来了，敢情是搜救队搜寻最后的生存目标。老远飞机上就放下绳梯，飞机上的人对神父喊："神父，抓住绳梯，跟我们走吧，上帝不会来了！"神父还是不走，最后终于被淹死了。

死后，神父的灵魂来到了天堂，看到了上帝。神父气坏了，质问上帝："你说过要去救我，怎么说话不算数？"上帝一听也发火了："你说你怎么就那么笨呢？你说我在天上要应付世上这么多请求，这么忙，没时间亲自去，就派了一个警察、一艘汽艇、一架直升飞机去救你，你还不走，你不是找死吗？"

你可能觉得故事有点可笑，但细想想，很多时候我们是不是像这个神父一样呢？当机会一次次出现，你却一次次拒绝它，固执于心中不成熟的想法，最后，机会一一离你而去。

那么从现在起，改掉你那犹豫的性格，一件事情想到了就赶快去做，别在那儿百转千回地思来想去，你想得越多，顾虑就越多，如果什么事情都要想到百分之百再去做的话，那么你只能落于人后，什么都不想反而能一往直前。你害怕得越多，困难就越多，什么都不怕的时候，一切反而没那么难。生存的法则就是这样，当你不敢实现梦想的时候，梦想会离你越来越远，当你勇敢追梦的时候，全世界都会来帮你。

有些事，并不是我们不能做，而是我们不想做。只要我们肯再多付出一分心力和时间，就会发现，自己实在有许多未曾使用的潜在的本领。要使做事有效率，最好的办法是尽管去做，边做边想。养成习惯之后，你会发现自己随时都有新的成绩：问题随手解决，事务即可办妥。这种爽快的感觉，会使你觉得生活充实，而心情爽快。

辑七　换一种习惯　甩掉一个坏习惯，就等于迎来一个好伴侣

一个左顾右盼的人，永远找不到最好的答案

人处在混乱中时，往往会犹豫不决，但事情紧迫时，必须果断地做出自己的选择。优柔寡断和拖泥带水，只能坐失良机。歌德曾经说过，迟疑不决的人，永远找不到最好的答案，因为机遇会在你犹豫的片刻失掉。

有一个猎人在森林里设置了兽夹，第二天他发现上面只夹了一条野兽血淋淋的腿。原来一只野兽被夹到之后，自知无法挣脱，为了保全生命，竟一口咬断自己的腿以求逃脱。生活中，我们也要培养自己这种果断的精神，必要时必须速速决断，舍兵保帅，否则后果不堪设想。比如被毒蛇咬了需用刀把伤口深深地切成十字，再将毒液吸出来；肢体有严重的病况，需整个切除，以免病毒蔓延。如果在紧要关头迟疑不决，不忍下手，反倒会失去整个生命。

犹豫不决是成功和机遇的大敌，一个处事优柔寡断的人很难有大作为。

当选择太多或局面混乱时，果断就是人生成功的必要武器。

有这样一则寓言：一头驴在两垛青草之间徘徊，欲吃一垛青草时，却发现另一垛青草更嫩更富有营养，于是，驴子来回奔波，想要选择一堆更好的青草。这时从远处来了一群黄羊，它们见到这两垛草就疯了似的一哄而上，吃了个肚圆，驴子却没吃上一根青草。驴子没有吃草，是因为没有草吗？不是，草足够它吃饱的，可它确确实实挨饿了。这是因为它把全部

的精力花在考虑该吃哪一垛草上,而在犹豫之间被一群羊抢占了先机。

也许有人认为,人比驴子聪明多了,不会和驴子犯一样的错误。果真如此吗?有一个大学生毕业后,既想找一份好的工作早点挣钱,又想考研继续深造。他在考研和找工作之间徘徊了很久,把自己搞得疲惫不堪。结果既没找到理想的工作,考研也失败了。后来,他一门心思扑在考研上,把找工作的事情抛在一边,终于考上一所著名大学的研究生。

面对一些难以取舍的问题时,慎重考虑当然是必要的,但是不能犹豫不决。一个人的精力和才智是有限的,犹豫徘徊、患得患失或者求全责备,其结果只会浪费生命。

拿破仑说过,战争的艺术就是在某一点上集中最大优势兵力。而生活的艺术就是选择一个进攻的突破口,然后全力以赴去冲击。如果能在纷繁混乱的目标中,当机立断,尽快选择一个目标,并为实现目标不懈地奋斗,成功就触手可及了。如果犹豫难断,后果就可能糟糕得一塌糊涂,鸿门宴中项羽的优柔寡断就是一例。

项羽入关之前屯兵新丰鸿门,刘邦屯兵灞上,双方相距不远,谋士范增劝说项羽速攻刘邦,而项羽却踌躇不决。恰好此时曹无伤向项羽告密:"沛公欲王关中,使子婴为相,珍宝尽有之。"项羽闻言大怒,当即发誓次日便要消灭刘邦,然而就在这剑拔弩张的紧急时刻,被刘邦收买过的项伯,仅用三言两语,不但打消了项羽要"击破沛公军"的念头,而且还同意刘邦前来谢罪。

鸿门宴上,范增屡次示意项羽要他杀掉刘邦,可是项羽总因下不了决心而"默默不应",使得刘邦躲过了第一劫。待后来范增招来刺客项庄,企图让他趁舞剑之机刺死刘邦时,由于项伯乘机涉足其中,暗中保护刘邦,项庄又每每不能得手;对项伯的非常之举,项羽一味地姑息纵容,范增的计划因此再度落空,刘邦又躲过了第二劫。项庄舞剑失败以后,宴会

辑七　换一种习惯　甩掉一个坏习惯，就等于迎来一个好伴侣

上的气氛依旧十分紧张，就在刘邦欲走不能走、想留不敢留的极其矛盾之时，刘邦的骖乘樊哙闯进来将项羽大骂一通，不料项羽这次非但没有发怒，反而称樊哙为壮士，对其赐酒赐肉，礼待有加，使得后来刘邦有可能在樊哙等人的保护下金蝉脱壳，逃之夭夭。正是项羽的犹豫不决使他失去了除掉心腹大患的绝佳机会。

楚汉双方在广武对峙时，项羽捉住刘邦的父亲拿到阵前当人质，希望借此来威胁刘邦投降。项羽表示如果刘邦不投降的话，就把他父亲放到锅里煮了。谁知刘邦的回答却出奇地爽快："煮就煮吧，只是到时别忘了给我留一勺汤喝。"刘邦的果断与项羽的犹豫形成了鲜明对比，难怪刘邦能以弱制强建立汉朝。

项羽一次次的犹豫，将自己封在了一个死胡同里，最后兵败如山倒，乌江自刎虽悲壮凄美，却换不回九五至尊的威仪。可见迟疑不决是多么可怕的一种心态。

当年韩信因不被项羽信任，投奔了刘邦，本以为能得到重用，没想到刘邦也只是让他当了个管粮仓的小官，他很是不满。一天晚上，韩信与伙伴们饮酒，不慎失火。按军令，烧了粮仓，罪当斩首。同案的几个人均已被杀，眼看就要砍韩信的头了，刀斧手已经准备好，只等监斩官夏侯婴下令，令下就是人头落地。韩信跪在地上，抬头看监斩官派头不小，像个大官，他心中一动：我何不以言辞打动他呢？反正要死，打动了他能免死，是幸运，他不理睬，就是我命该如此！就在监斩官下令而未出口之时，韩信大声说："汉王不是要夺取天下吗？大事未成，为何要斩壮士！"这一声喊，使夏侯婴一惊，心想临刑之人喊出如此气壮之语，绝非等闲之辈，因此他命令卫士给韩信松绑，把他叫到跟前，问道："你为什么要喊叫？"韩信简短而有力地说："我是壮士，想帮助汉王夺取天下！"夏侯婴为此话所动，让他坐下细讲，韩信不慌不忙地讲了自己夺取天下的看法和主张，夏

侯婴听罢，认为此人不简单，立即报告了刘邦，刘邦赦免了韩信。

可当人劝其另立天下时，韩信却犹豫不决，结果死在一介妇人吕后手里，一世英名付诸东流。

无论在什么时候，快刀斩乱麻都是成功者必须具备的一种素质。认清形势，迅速作出决定并快速实施往往能收到事半功倍的效果。记住，想成功就一定不要犹豫不决。

即使不成熟的尝试，也胜过"胎死腹中"的计划

世界上最可怜又最可恨的人，莫过于那些总是瞻前顾后、不知取舍的人，莫过于那些不敢承担风险、彷徨犹豫的人，莫过于那些无法忍受压力、优柔寡断的人，莫过于那些容易受他人影响、没有自己主见的人，莫过于那些拈轻怕重、不思进取的人，莫过于那些从未感受到自身伟大内在力量的人，他们总是背信弃义、左右摇摆，最终自己毁坏了自己的名声，最终一事无成。

有这样一个人，智商一流，执有知名学府硕士文凭，毕业以后决心下海经商。

有朋友建议他炒股，他豪气冲天，但去办股东卡时，他犹豫了"炒股有风险啊，再等等看吧"。于是很多人炒股发了财，等他进入股市时，股市却已经疲软了。

又有朋友建议他到夜校兼职讲课，他很有兴趣，但快到上课时，他又

辑七　换一种习惯　甩掉一个坏习惯，就等于迎来一个好伴侣

犹豫了"讲一堂课才百十多块钱，没有什么意思"。

于是又有朋友建议他创办一个英语培训班，那样可以挣得多一些，他心动了，可转念一想："招不到生源怎么办？"计划就这样又搁浅了，后来当国内某知名英语培训机构上市时，他又懊悔不及。

他的确很有才华，可一直在犹豫不决，转眼很多年过去了，他什么也没做成，越发地平庸无奇起来。

有一天，他到乡间探亲，路过一片苹果园，望见满眼都是长势茁壮的苹果树。禁不住感叹道："上帝赐予了这世界一块多么肥沃的土地啊！"种树人一听，对他说："那你就来看看上帝怎样在这里耕耘的吧！"

很多人光说不做，总在犹豫；也有不少人只做不说，总在耕耘。犹豫不决的人永远找不到最好的答案，因为机遇会在你犹豫的片刻失掉；勤于耕耘的人总是收获满满，因为流下的汗水会将生命浇灌得更加鲜艳。

志存高远的人何止千万？但如愿以偿者却寥寥无几！何以？因为有太多的人一直在拖延行动，也不是不想行动，只不过想等上一段时间，谁知道这样一晃就是一生。

那么，你打算什么时候开始行动呢？你在等什么？又在准备什么？你需要别人的帮助还是认为时机尚未成熟？可是你知不知道？拥有梦想而不开始行动，最是消磨人的意志。

有时，明明你已经做好计划，考虑过不下十遍，甚至已经作出决定，可是就差那么一点——就差那么一点行动，你却开始畏首畏尾、瞻前顾后，于是行动搁浅了，梦想中断了，久而久之，越来越不相信自己了，尤其是当同时起步的朋友已经实现梦想的时候，那种失落感更是难以名状。

只可恨，我们一再犹豫、一再拖延，到老了才知道：犹豫浪费生命，拖延等于死亡……

真的，无论是谁，无论想干一件什么事，如果优柔寡断、该出手时

不出手的话，就会一事无成。而整个事情成功的秘诀就在于——形成立即行动的好习惯。有了这样的习惯，我们才会站在时代潮流的前列，而另一些人的习惯是——一直拖延，直到时代超越了他们，结果就被甩到后面去了。

　　所以在做决定，尤其是一些关键性的决定时，别再因为自感条件不成熟而犹豫不决，你需要把全部的理解力激发出来，在当时情况下作出一个最有利的决定。当机立断地作出一个决定，你可能成功，也可能失败，但如果犹豫不决，那结果就只剩下了失败。

Part 4
天赋若是被懒惰所左右，事业也就没有指望了

这世界的大多数事情，不是稍微努力就可以搞定的，这个世界的真相是：我们特别努力才可以做得有一点儿好，但是我们一不小心就能做得特别差。如果你勤敏，说不定就会迎来好运，反过来，懒惰就会空有大志，成不了事。

没有一件有价值的东西，可以不经付出而得到

人在旅途，我们的目的不仅仅是游山玩水，我们肩负着人生使命，所以必须向前走，不停地走，一直走到人生的尽头，无怨无悔地走完这生命的旅程。这一路上，勤奋是我们的食粮，没有它，我们四肢疲软，走不多远；没有它，我们无法负重，纵使走着，也是两手空空。那些生活中的丰收者，谁不曾在"勤"上下过一番苦功夫，那些惰性十足的人，又谈什么成为翘楚？世界上没有这样的道理。

所以，别在抱怨命运乖蹇！

你不知道那些所谓好命之人，在哪一个深夜多做了哪一道题，所以多

会了那一点知识，于是比你多了那么几分，于是进入了一个更好的学校，于是付出更多的辛苦，得到更多的深造，于是改变了命运的轨道。你不知道那些所谓的好命之人，比你多承受了多少痛苦，比你多滴落了多少汗水，才会有今天的骄傲与灿烂。

可是他们知道，在生命的每一刻钟，都不能懒惰，不能停下，要厚积薄发，才能不留遗憾，要拼尽全力，才能苦尽甘来。

你不知道，但他一定知道。

自从进入 NBA 以来，科比就从未缺少过关注，从一个高中生一夜成为百万富翁，到现在的亿万富翁，他的知名度在不断上升。洛杉矶如此浮华的一座城市对谁都充满了诱惑，但科比却说："我可没有洛杉矶式的生活。"从他宣布跳过大学加盟 NBA 的那一刻他就很清楚，自己面对的挑战是什么。

每天凌晨 4 点，当人们还在睡梦中时，科比就已经起床奔向跑道，他要进行 60 分钟的伸展和跑步练习。9:30 开始的球队集中训练，科比总是至少提前一个小时到达球馆，当然，也正是这样的态度，让科比迅速成长起来。于是，奥尼尔说"从未见过天分这样高，又这样努力的球员"。

十几年弹指一挥间，科比越发伟大起来，但他从未降低过对自己的要求，挫折、伤病，他从没放弃过。右手伤了就练左手，手指伤了无所谓，脚踝扭到只要能上场就绝不缺赛，背部僵硬，膝盖积水……一次次的伤病造就出来的，只是更强的科比·布莱恩特。于是你看到的永远如你从科比口中听到的一样——"只有我才能使自己停下来，他们不可能打倒我，除非杀了我，而任何不能杀了我的就只会令我更坚强"。

当然，想要成功绝不是说一句励志语那么简单，而相同的话与他同时代的很多人都曾说过，但现在我们发现，有些人黯然收场，有些人晚景凄凉，有些人步履蹒跚，96 黄金一代，能与年轻人一争朝夕的就只剩下了

辑七　换一种习惯　甩掉一个坏习惯，就等于迎来一个好伴侣

科比。

"在奋斗过程中，我学会了怎样打球，我想那就是作为职业球员的全部，你明白了你不可能每晚都打得很好，但你不停地奋斗会有好事到来的。"这就是科比，那个战神科比。

在很多时候，我们似乎更倾向于一种"天才论"，认为有一种人天生就是做某某的料，所以在某一领域尤为突出的人，时常被我们称为"天才"。譬如科比，你可能认为他就是个篮球天才，的确，这需要一定的天赋，但若真以天赋论，科比不及同时代的麦格雷迪，若以起点论，科比更不及同年的选秀状元艾弗森，何以如今有如此不同的境遇？答案就是勤奋，是异于常人的勤奋造就了一个不朽的传奇。

运气并非命中注定，因为勤奋可以促成运气的产生

生活中常有人把"胜利"或"失败"都归结于"命运"，认为一旦它要故意找碴儿，无论你是"战"还是"不战"，那结果都将是一样的。然而，既然你能够承认"命运"的存在，那么你为何不能让自己比它更强呢？你应该知道，生命的收获不在起点，而是在生命旅途的终点。扼住命运的咽喉，也就等于把最终的胜利不由分说地攥在手里了。

经济萧条时期，钱很难赚。一位孝顺的小男生，想找个工作替父母分忧。他的运气还算不错，真的有一家商铺想招一名推销员。小男生决定去试试。结果，跟他一样，共有7个小男生想在这里碰碰运气。店主说：

"你们都非常棒，但很遗憾，我只能在你们中间选一个。我们不如来个小小的比赛，谁最终胜出了，谁就能留下来。"

这样的方式不但公平，而且有趣，小伙子们都同意了。店主接着说："我在这里立一根细钢管，在距钢管 2 米的地方画一条线，你们都站在线外面，然后用小玻璃球投掷钢管，每人 10 次机会，谁掷准的次数多，谁就胜了。"

结果呢？——谁也没有掷准一次，店主只好决定明天继续比赛。

第二天，只来了 3 个小男生。店主说："恭喜你们，你们已经成功淘汰了 4 名竞争对手。现在比赛将在你们 3 人中间进行。"

接下来，前两个小男生很快掷完了，其中一个还掷准了一次钢管。

轮到这位有孝心的小男生了。他不慌不忙地走到线前，瞄准钢管，将玻璃球一颗颗地掷了出去，他一共掷准了 7 颗！

店主和另外两个小伙伴都惊呆了！——这几乎是个依靠运气取胜的游戏，好运为什么会一连 7 次降临在他头上？

"恭喜你，小伙子，你赢了，可是你能告诉我，你胜出的诀窍是什么吗？"店主说。

小男生眨了眨眼："本来这比赛是完全靠运气的，不是吗？但为了赢得运气，我一晚上没睡觉，都在练习投掷。我想，如果不做任何练习，10 次中掷准一次，就算是运气最好的了，但做过训练以后，即使运气最坏，10 次中也应该能掷准一次，不是吗？"

事业的成功，有运气的成分在里面，但勤奋却能使好运更容易降临。

所以，别再抱怨！当抱怨成习惯，就如喝海水，喝得越多渴得越厉害。最后发现，走在成功路上的都是些不抱怨的"傻子们"。世界不会记得你说过什么，但一定不会忘记你做过什么！无论处于何种境地，无论我们所从事的事业多么琐碎，一旦承担下来，就要把它做精、做好，这是生存的准则。要知道,只有在小事上细心勤勉的人,才能被委以重任;只有竭尽全力投身于工作之中,不断超越、完善自身能力的人,才有进一步发展和提升自己的空间。

谁在平时多做一点,机会就会眷顾谁更多一点

主动是一种极为珍贵、备受看重的素养,它能使人变得更加敏捷、更加积极。无论你是管理者,还是普通职员;是亿万富豪,还是平头百姓,每天多做一点,你的机会就会更多一点。

每天多做一点,也许会占用你的时间,但是,你的行为会使你赢得良好的声誉,并增加他人对你的需要。

社会在发展,公司在成长,竞争愈演愈烈,个人的职责范围亦随之扩大。不要总以"这不是我分内的工作"为由,逃避责任。当额外的工作分配到你头上时,不妨将之视为一种机遇。

对沃西来说,一生影响最深远的一次职务提升,就是由一件小事情引起的。

一个星期六的下午,有位律师走进来问他,哪儿能找到一位速记员来帮忙——手头有些工作必须当天完成。

沃西告诉他,公司所有速记员都去观看球赛了,如果晚来5分钟,自己也会走。但沃西同时也表示自己愿意留下来帮助他,因为"球赛随时都可以看,但是工作必须在当天完成"。

做完工作后，律师问沃西应该付他多少钱。沃西开玩笑地回答："哦，既然是你的工作，大约800美元吧。如果是别人的工作，我是不会收取任何费用的。"律师笑了笑，向沃西表示谢意。

沃西的回答不过是一个玩笑，并没有真正想得到800美元。但出乎沃西意料，那位律师竟然真的这样做了。6个月之后，在沃西已将此事忘到了九霄云外的时候，律师却找到了他，交给他800美元，并且邀请沃西到自己公司工作，薪水比现在高出800多美元。

一个周六的下午，沃西放弃了自己喜欢的球赛，多做了一点事情，最初的动机不过是助人为乐，完全没有金钱上的考虑。但却为自己增加了800美元的现金收入，而且为自己带来一项比以前更重要、收入更高的职务。

每天多做一点，初衷也许并非为了获得报酬，但往往获得得更多。

付出多少，得到多少，这是一个众所周知的因果法则。也许你的投入无法立刻得到相应的回报，也不要气馁，应该一如既往地多付出一点。回报可能会在不经意间，以出人意料的方式出现。最常见的回报是晋升和加薪。除了老板以外，回报也可能来自他人，以一种间接的方式来实现。

做一点分外工作其实也是一个学习的机会，多学会一种技能，多熟悉一种业务，对你是有利无害的。同时，这样做又能引起别人对你的关注，何乐而不为呢？

辑八　换一种行为

你今天所做的事，决定你十年后的生活是否舒适

　　如果过去的日子曾经教过我们一些什么的话，那便是有因必有果——每一个行为都有一种结果。我们日复一日地写下自身的命运，因为我们的所为毫不留情地决定我们的命运。这就是人生的最高逻辑和法则。

Part 1
我们无法预订成功的次数，但可以减少失败的概率

如果不想人生陷入不必要的麻烦，谨慎和思考绝对少不了。思考就是用你自己的大脑过滤一下信息，就好像是杀毒软件一样，把危险因子去除掉就安全了；谨慎就好比吃东西一样，不是什么东西都可以吃，能不能吃一定要分辨出来。有了思考、谨慎，你才能走得更稳更远。

善于思考的人步步为营，不会思考的人晕头转向

做决定时人们往往会经历两个阶段：一是做决定前的思考阶段，二是做决定后悔恨、无奈的阶段。事实证明，这两个阶段正好成反比。也就是说，你用于思考的时间越少，你的悔恨无奈就越多，反之亦然。

有一个父亲过世之后，只留给儿子一幅古画，儿子看了十分失望，正要把画束之高阁，突然觉得画的卷轴似乎异常地重，他撕开一角，惊奇地发现不少金块藏在其间，于是立刻把画撕破，取出了金子。然后他又看到

辑八　换一种行为　你今天所做的事，决定你十年后的生活是否舒适

卷轴中藏有一张字条，写着画是古代名家所绘的无价之宝。可惜画已经在他冲动之下撕得破碎不堪了。

许多人做决定时最常说的话就是："做了再说！""唉，船到桥头自然直！"虽然说任何决定的意义都取决于自己的价值观和人生需求，但这却不代表我们可以凭情绪随便行动。

在某大公司里，一群前来应聘的年轻人正面临着最后的考验——一场定时10分钟的考试。谁通过了，便可进入这家著名的大公司工作。

试卷共30道题，面宽而量大，这完全出乎这些在前几次招聘考核中表现出色的佼佼者的意料。这么多题，10分钟的时间实在是太紧了。因此，许多人一拿到试卷便半秒也不肯耽搁地慌忙抢做，全然不顾监考官"请大家先将试卷浏览一遍再答题"的忠告。

试卷在10分钟后悉数收齐，总经理亲自批阅，然后从中挑出6份试卷。这6份卷面有一个共同特点，即1至28题全都未做，仅回答了最后两个问题。而其他试卷则做了前面不少题，最多的做了12道。

然而，该公司最后录用的竟然是那6个仅答了最后两道题的年轻人——原来秘密就藏在第28题中，它的内容是：前面各题均无须回答，只要求做好最后两道题。

这些参加考试的应聘者能在多次遴选中胜出，学问已没什么问题了。但这场考试显然是要测试学问以外的东西——一个人面对紧急的事情时，能不能保持冷静，能不能三思而后行。

人生有很多抉择，都是在过急的情况下出错的。因此，做决定前，请给自己一分钟做最后的检查、比较和判断，或许，你会发现新的盲点。所谓"三思而后行"，说的就是这个道理。

一个决定在你脑海中形成而尚未付诸行动之前，这个决定还只是个构想，你随时要修改都可以。一旦做出实际行动，要改就很难了。因此，如

果你投入诸多心血去规划一件事，那么在做出某一决定前，请再给自己一分钟的思考时间，在决定前，给自己一分钟，决定后你就可以省下几十个小时甚至几个月的修正、改过时间。

正所谓"磨刀不误砍柴工"，事前多想想，事后后悔的概率就小一点。故事中的儿子如果多想想再动手，也许就可以多获得一份财产了。结果他因为想得不够多，才在发现小利而急于争取时，破坏了自己获大利的机会。

当我们面对时刻变化着、发展着的世界时，对事物的认识可能会出现一些错误。因此，我们经常会遇到因考虑不周、鲁莽行动而造成损失的情况，所以，我们遇事才要"三思而后行"，这是老祖宗留给我们的最好的智慧。

百分之一的错误，也许就会变成百分之百的失败

被人所忽视的细节中往往藏着风险，在决策时如果你不先考虑好细节，那么就有"阴沟翻船"的可能。因此，决策之前，一定要把方方面面的问题都考虑到。

一个人急匆匆地在路上行走，不知不觉地一条绳子挂在了脚腕上。但他却浑然不知，终于在下坡的时候重重地摔了一跤。生活中，能够绊倒你的也许并不是什么大困难，有时恰恰只是一根细细的绳子就足以让你大跌跟头。如果你只是匆忙赶路而不注意脚下绳子，迟早会被绊倒。英明的决策者往往都是既能匆忙赶路又能注意脚下绳子的人。

辑八　换一种行为　你今天所做的事，决定你十年后的生活是否舒适

不少人在折腾的过程中也会碰到这种"被绳子绊倒"的情况，这是由于忽视细节造成的，因此对细节问题一定要处理得当。一旦处理不当就很可能因决策错误，造成严重的后果。蜜蜂虽小也可以置人于死地，老鼠虽小也可以让大象毙命。在决策之前，不能仔细分析各个环节中可能会出现的细节性问题，成功的概率几乎为零。

正确的决策源自对细节的无止境追求。细节追求是可以衡量的，衡量的尺度，就是制定出相应的标准和规范。对细节的量化，是重视细节、完善细节的最高表现。一个没有规则、没有标准的决策肯定是不到位的。

拉锁刚问世时，并不被人们看好，把拉锁缝在飞行员的衣服上更遭到了航天部门的一致反对。一次，一个飞行员执行任务时，衣服上的扣子掉进了飞机的操纵系统里，致使飞机操纵失灵，飞行员死亡，飞机被毁。之后，航天部门才作出决定：将所有飞行员的上衣纽扣都用拉锁代替。这就是一个细节引发的教训，也正是这个细节引发了一项重大决策。

无论你处在哪个位置上，做决策都是必需的。关注一条绳子的作用往往比关注前路的美景更重要。走好自己的路，一定要随时随地看看脚上的绳子是否妨碍了你的行动。如果妨碍了，那你一定要及时妥当地处理它们。

人的一生通常都在如何做决策、做什么样的决策之中循环往复。当你举棋不定时，也许正是因为一个细节的出现令你看到了希望，于是，你才下决心去做一件事。正所谓"一粒沙里看世界，一滴水里照乾坤"。

一个有心人永远都不会放弃对细节的关注，因为他们往往是从细节中提炼精华、做出抉择的。

"观细节做决策"是每一个聪明人都应具备的能力。一个人的成功是由细节塑造的。一个企业的成功也是由细节塑造的。只有细节到位，决策才不会成为失策。

冒险不是冲动决定，而是深思熟虑的决定

这些年，冒险运动越来越多地进入了我们的生活。比如，赛车、跳伞、攀岩、悬崖滑雪、洞穴探险等，都有着极大的危险性。尽管这些运动使许多人终身伤残甚至失去了生命，但人们总是前赴后继。为何有这么多人热衷于冒险运动呢？

西方心理学家已对"冒险家"们进行了半个世纪的研究，最初的看法是贬义的，认为他们大多是一些有心理障碍的人。但此论多为想当然，是一种"纸上谈兵"。稍后，美国的奥柯尔维、霍姆斯、法利等心理学家通过科学的研究方法，纠正了上述观点。

奥柯尔维于1973年通过直接对话与表格调查的方式对293名冒险运动者进行了研究，结果发现，这些"冒险家"不仅没有心理障碍，而且大多心理素质极高。比如，他们在定向方面有极高的能力，有着强烈的外倾性格特征，抽象思维能力高于平均指数，思维缜密，智商较高……他们都热爱生活，珍惜生命，在从事冒险运动时，并不是漫不经心或轻率、鲁莽，而是完全了解自己的身体素质和所使用的设施，并且将天气以及其他可能发生的变化、应采取的应变措施等一一考虑周到，力争在冒险运动中万无一失。

敢于冒险和善于冒险是成功者的本色，但冒险并不是孤注一掷，如果两者混为一谈，冒险就会成为鲁莽。莽撞之人敢于轻率地冒险，不是因为

辑八　换一种行为　你今天所做的事，决定你十年后的生活是否舒适

他勇敢，而是因为他看不到危险，结果失去了所有的东西，包括东山再起的资本和信心。成功离不了冒险，但更要注重化险为夷、稳中制胜。冒险而又能控制风险，成功的机会就会大一些。

冒险家的成功，除了极少的幸运因素之外，大多是他们谋算出了风险的系数有多大，做好了应对风险的准备，从而增加了胜算的概率。正所谓大胆行动的背后必有深谋远虑，必有细心的筹划与安排。

冒险不同于赌博，我们做事，不但要知道什么时候是最佳时机，更要对风险有超前的预见力与决断力。世上没有十全十美、只赢不输的正确方案，有的只是成功的信心和冒险的准备。

冒险需要理智。冒险不是冒进，无知的冒进只会使事情变得更糟，你的行为将变得毫无意义，并且惹人耻笑。当你想去冒险干一件大事时，一定要先进行科学论证，千万不要去充当冒冒失失的莽汉。

谨慎的人在做事之前，往往先深思熟虑，深入实地，去发现可能的危险与不测。做事可能因为谨慎而免于危险，幸运之神时常也会在这种情况下加以帮助。

成功者常会做出一些让人们目瞪口呆的勇敢行动，其实，他们谋算出了风险的系数有多大，做好了应付风险的准备，从而增加了胜算的概率。正所谓，大胆行动的背后必有深谋远虑，必有细心的筹划与安排。冒险既要胆大又要心细，做到心细，胆量才能发挥积极作用。

Part 2
方向错了就回航，不要在错误的地方浪费力气

　　固执之人，即使目标错了，仍要奋力向前，且自以为意志坚定、态度坚决，因此，导致的恶劣后果可能比没有目标或犹豫不前更可怕。这种盲目心理能让人付出惨重的代价。所以，你现在必须搞清楚，你现在所坚持的，是对的还是错的，你必须知道，哪些东西应该坚持，而哪些东西又该放弃。

如果把宝物放错了地方，宝物也会变成废物

　　老话说"只要功夫深，铁杵磨成针"，但不要忽略这样一个前提，要想"磨成针"，你必须是合适的材料——铁杵或是其他金属材质。如果是一根木棍，到最后磨成的就可能是擀面杖。所以在坚持的时候，我们应该好好审读一下自己，问自己一句："我到底是不是这块料？"如果不是，就不要坚持把自己"磨成针"，做一个结实的"擀面杖"才更能体现你的价值。

　　美国著名幽默短篇小说大师马克·吐温曾热衷于投资，但生来不具备

辑八　换一种行为　你今天所做的事，决定你十年后的生活是否舒适

经济头脑的他，总是落得一败涂地、血本无归。

马克·吐温的第一次经商活动，是从事打字机投资。那时，马克·吐温已经 45 岁了。在此之前，他靠写文章发了点小财，并有了点名气。一天，一个叫佩吉的人对马克·吐温说："我在从事一项打字机的研究，眼看就要成功了。待产品投放市场后，金钱就会像河水一样流来。现在我只缺最后一笔实验经费，谁敢投资，将来他得到的好处肯定难以计数。"马克·吐温听完，爽快地拿出 2000 美元，投资研制打字机。

一年过去了，佩吉找到马克·吐温，亲热地对他说："快成功了，只需要最后一笔钱。"马克·吐温二话没说，又把钱给了他。两年过去了，佩吉又拜访了马克·吐温，仍亲热地说："快成功了，只需要最后一笔钱了。"三年、四年、五年……到马克·吐温 60 岁时，这台打字机还没有研制成功，而被这无底洞吞掉的金钱，已达 15 万美元之多。

马克·吐温的第二次经商是创办出版公司。马克·吐温 50 岁的时候，他的名气更大了，他所写的书有不少都成了畅销书。出版商看准这一行情，竞相出版他的作品，因此发财的大有人在。看着自己作品的出版收入大部分落入出版商的腰包，而自己只能拿到其中的 1/10，马克·吐温颇有感触。他决心自己当个出版商，出版作品。可是，马克·吐温没有建立和管理出版公司的经验，就连起码的财会知识都不懂，他只好请来 30 岁的外甥韦伯斯特当公司经理。

马克·吐温出版的第一本书是他的小说《哈克贝利·费恩历险记》。它一经出版，销路就很好。马克·吐温出版的第二本书是《格兰特将军回忆录》，这本书也成了畅销书，获利 64 万美元。马克·吐温被这两次偶然的胜利搞得昏昏然，他继续扩大业务，但他万万没有料到，韦伯斯特却在此时卷起铺盖一走了之。出版公司勉强维持了 10 年，最后在 1894 年的经济危机中彻底坍塌。马克·吐温为此背上 9.4 万美元的债务，他的债权人

竟有 96 个之多。

直到这时，穷困潦倒的马克·吐温才认清自己，开始一心致力于写作。然后，他用 3 年的时间还清了所有债务，并最终成为举世闻名的大文豪。

如果放错了地方，宝物也会变成废物；如果地方对了，木头也有不可替代的价值。假若你所做的事符合自己的目标，并且符合自己的性格、能够发挥自己的优势，那么，困难对你而言就只是浮云，把自己的梦想坚持下去，你会得到自己想要的。如果说这个目标本身是错的，你却仍要奋力向前，而且意志坚定、态度坚决，那么，由此导致的负面后果，恐怕比没有目标更为可怕。

朝着错误的方向奔跑，跑得越快离目标就越远

如果有些东西费尽心思也得不到，就没有强求的必要，如果有些事情用尽全力也不能圆满，放弃也不会是遗憾。坚持固然重要，但面对没有结果的事情，我们不必抱残守缺，放弃眼前的残局，也许就会出现一条新的道路，而这条新路很可能就是通向成功的大门。

反之，如果方向错了的话，越是努力，距离真正的目标越远。这是考验我们内心的时候。壮士断腕、改弦更张，从来都是内心勇敢者才能做出的壮举。懂得坚持和努力需要明智，懂得放弃则不仅需要智慧，更需要勇气。若是害怕放弃的痛苦，抱残守缺，心存侥幸，必将遭受更大的损失。

辑八　换一种行为　你今天所做的事，决定你十年后的生活是否舒适

赵文静今年30岁，专科毕业后，在一家建筑设计院工作。当初毕业前她来这家设计院实习时，由于勤奋踏实，表现不错，所以尽管设计院当时已经超编，但是院长还是顶着压力聘用了她。由于当时编制所限，只能安排她做资料员，但是院领导多次找她谈话，暗示她这只是暂时的，希望她不要有压力，要多钻研业务，院里缺的是设计精英，根本不缺资料员，只要她能表现出自己的实力，一有机会就马上将她调出资料室。可是赵文静却不这么看，她觉得自己之所以受到"冷遇"，所谓的编制问题只不过是一个借口而已，其实是别人觉得她文凭太低。于是她从一开始当资料员那天起，就厌烦这个工作，因为这离她的理想太远，她想做设计工程师，可是她设计的几个工程，无一例外地都被否定了。她很虚荣，总想在设计院出人头地，看走业务这条路不行，她就想在学历上高人一头，于是一心想考研究生，甚至还规划好了研究生读完再读博士。

可是现实与理想之间毕竟是有着很大差距的，由于底子太差，赵文静连续考了三年都没有考上研究生。于是院领导就找她谈话，想鼓励她多钻研点业务，拿出过硬的设计方案来，争取将来能转为设计师。实际上，设计院当时已经有了一个专业设计人员名额，院领导对她真可谓是用心良苦了。但是她权衡来权衡去，觉得还是应该先把硕士学位拿下来再搞业务比较好。她觉得，反正自己已经是设计院的人了，搞专业什么时候都可以，就算再来新人也得在她后面吧，否则自己的专科文凭将使自己在设计院永远抬不起头来。

但是她错了，设计院本来就是一个萝卜一个坑，每个人都要能踢能打，长期放着这么个不出彩的人，不但同事怨声载道，领导也开始着急了。就在这时，来了一个实习生，设计出来的方案很有新意，院领导犹豫再三，最后还是把这个实习生要来了。按理说，如果赵文静此时及时醒悟还是来得及的，但是这时候，她正专心致志地沉浸在她的那些英文单词

里，她甚至和同事说，她学英语好像开窍了。那时她的确非常刻苦，走到哪里，都戴着耳机，还经常把自己锁在资料室里，谁敲门也不开，别人找材料，只能打电话给她。

终于有一天，院长非常客气地找她谈话，委婉地表示：设计院虽然有很多人，但每个人在各自工作中都必须具有自己的贡献值和不可替代性，可是她却一点也没有，没有人能长久容忍一个出工不出力的人，所以她从现在起待岗了。

在那种竞争激烈的环境下，赵文静为自己不切实际的"志"付出了巨大代价，她曾是那样地喜欢设计院，喜欢这个职业，别人也给了她这个机会。但不幸的是，她没有把它做好。她的失误就在于她没有及时放弃自己的"理想"，而是固执地"一条道走到黑"。

不合实际的固执带给人的只能是失败，而不是成功的幸福。为了事业的成功，或者人生的成功，勇往直前，这本来是件好事，然而一旦走错了路，又不听别人的劝告，不肯悔改，结果就会与自己的奋斗目标相距越来越远。

直路不通的时候，绕过去便可以找到一条新路

人生如登山，从山脚到山顶往往没有一条直路。为了登上山顶，人们需要避开悬崖峭壁，绕过山涧小溪，绕道而行。这样看似乎与原来的目标背道而驰，可实际上能够到达山顶。

辑八　换一种行为　你今天所做的事，决定你十年后的生活是否舒适

当我们在生活中遇到没有直路可走的情况时，不妨回过头来，找一条弯道，或许，绕过去便可以找到一条新路了。天无绝人之路，我们之所以会往往感到走不通，那是因为我们自己的思路狭隘，缺乏"绕道"的意识。

弗兰克·贝特克是美国著名的推销员，他曾经使一个不近人情的老人捐出了一笔巨款。

有一次，人们为筹建新教会进行募捐活动，有人想去向当地的首富求助。但是一位过去曾找过他却碰了一鼻子灰的人说："到目前为止，我接触过不计其数的人，可是从未见过一个像那老头那样拒人千里之外的。"

这个老富翁的独生子被歹徒杀害了，老人发誓说一定要用余生寻找仇敌，为儿子报仇。可是很长一段时间过去了，他却一点线索也没有找到。伤心之余，老人决定与世隔绝，于是把他跟所有人的联系都切断了。他闭门不出的日子已经持续了将近一年。

弗兰克了解了这些情况之后，自告奋勇要去找那老人试一试。第二天早晨，弗兰克按响了那栋豪宅的门铃。过了很长时间，一位满脸忧伤的老人才出现在大门口。"你是谁？有什么事？"老人问。

"我是您的邻居。您肯让我跟您谈几分钟吗？"弗兰克说，"是有关您儿子的事。""那你进来吧。"老人有些激动。

弗兰克小心翼翼地在老人的书房坐下，提起了话头。

"我理解您此时巨大的痛苦。我也跟您一样，只有一个独生子，他曾经走失过，我们两天多都没有找到他，我可以想象得到您现在有多么悲伤。我知道您一定非常爱您的儿子，我深切同情您的遭遇。为了让我们都记住您的儿子，我想请您以您儿子的名义，为我们新建的教会捐赠一些彩色玻璃窗，在那些美丽的玻璃窗上我们会刻上您儿子的名字，不知您……"

听到弗兰克恭敬而暖心的话语，老人似乎显得有些心动，于是就反问道："做那些窗户大约需要多少钱？""到底需要多少，我也说不清楚，只要您捐赠您乐意捐赠的数目就可以了。"

走的时候，弗兰克怀揣着 5000 美金的支票，这在当时是一笔惊人的巨款。

为什么别人都碰钉子的事情，弗兰克却能够如愿以偿？弗兰克说了这么一段话："我去找那位老人不是为了他的捐助，我是想让那位老人重新感受到人们的温暖，我想用他儿子唤醒他的爱心。"弗兰克知道开门见山地直接和富翁谈募捐是行不通的，因此，他就绕了一个弯子，用一种感人的方式，得到了富翁的认可，不仅得到了别人梦寐以求的捐助，更使富翁感受到了人间的温暖和关爱，使他走出了心灵的阴霾，这种思维方式是值得我们学习的。

人的一生，有许多事是不以自己的意志为转移的，会遇到很多波折和障碍。理想与现实的距离有时很大，大到即使你付出了全部努力，也不能保证成功。这种情况，我们也应该学会转弯，不要吊死在一棵树上，条条大路通罗马，我们转个弯换条路试试。

辑八 换一种行为 你今天所做的事，决定你十年后的生活是否舒适

Part3
换一种方式与人相处，你的世界不会有敌手

如果你总想别人迁就你，就不可能得到良好的人际关系。如果你现在的人际关系糟糕透顶，那么你一定要改变与人相处的方式。否则，定会生出许多是非。与人相处是一门艺术，只有真正精通这门艺术的人，人生路上才不会出现失败总是多于成功的尴尬局面。

如果你总以自我为中心，别人就会让你成为边缘人

交朋友应该主动出击，首先向对方表示友好并不是表示你低人一等，只是表明你更加成熟了。对于文人来讲，可能更加容易犯自命清高的毛病，总是觉得自己了不起，非要求他人向自己靠拢。

王忱为东晋人，为人性格狂放不羁，少年时就有名，受人器重。有一次，他去看望舅舅范宁。正巧张玄也在范家做客，张玄比王忱年纪大，出名早。范宁要他俩交谈交谈。张玄很严肃地坐着，一本正经地等王忱上来和他打招呼。王忱看到张玄这种煞有介事的架势，心里很不舒服，也就一

言不发。张玄既尴尬，又放不下架子，失望地怏怏而去。

范宁责备王忱："张玄是吴中秀才，你为什么不和他好好地谈谈呢？"

王忱笑道："他真想和我认识，完全可以自己来找我谈心。"

后来，范宁把王忱的话告诉了张玄，张玄觉得在理，便整束衣冠，正式登门拜访。王忱也以宾主之礼相待，从此，两人成了好朋友。

觉得自己了不起，等待着别人来高攀自己是交不到朋友的。主动交流、谦虚有礼是一个人有修养、有气度的表现。只要表现适度，不仅不会降低身份，反而会赢得对方的好感。

建立朋友关系是这个样子，与朋友相处更应该注意。处处以自我为中心，会逐步失去朋友的。自己的话应该听，自己的决定不要改，大家最好听从我的吩咐，应该与我的想法一致，这样只会吓跑朋友。

要求朋友以自我为中心还有另一种形式，就是希望朋友永远陪伴在自己的身边。朋友交往，是一种精神需求，是相互促进，共同发展的一种手段。如果成为了一种负担，就会损害朋友之间的顺利交往。

剥夺朋友的自由空间，希望朋友永远绕在自己的身边，只能促使朋友逃离，因为朋友还有自己的交际圈。有的人忌妒心特别强，见朋友与自己意见相左就心里不舒服，感到朋友背叛自己，不能"同仇敌忾"。其实，这是一种狭隘的"个人主义"，总是希望自己是中心。

当你发现朋友另外所交的人正是跟你曾有摩擦的人时，你应该宽宏大度，平静对待。倘若你眼睛里不容沙子，去责怪朋友，只能使朋友左右为难。

不要将朋友的交际半径仅仅局限在你的空间里，禁锢在自己的空间中只能起到适得其反的作用。朋友也需要自己的交际，如果因为你而失去其他的朋友，只能会由怨生恨，最终离你而去。

交友得法，友谊长久；反之，朋友之间的友谊就会如昙花一现，转眼即逝。

表现为人生增光添彩，但卖弄则会使之黯然失色

每个人都想拥有展示自己的舞台，都想向世界证明自己是个强者，但是，千万不要把注意力都集中在展示自己身上，也要多关注一下其他人的感受，尽管表现自己是一件很痛快的事情，但它绝对不能因此而成为其他人的痛苦和麻烦。

有的人说话，不顾及别人的感受与想法，只是一个人滔滔不绝，说个没完没了，讲到高兴之处，更是眉飞色舞，你一插嘴，立刻就会被打断。这样的人，还是大有人在的。

李晓就是这样一个人，只要他一打开话匣子，就很难止住。跟他在一起，你就要不情愿地当个听众。他甚至可以从上午讲到下午，连一句重复的话都没有，真不知道他的话都是从哪来的。每次他找人闲聊，大家都躲得远远的，因为和他在一起实在有点儿害怕。

人与人交往，重要的是双方的沟通和交流。在整个谈话过程中，若只有一个人在说，就不容易与对方产生共鸣，达不到沟通和交流的效果。就是说，交谈中要给他人说话的机会，一味地唠叨不停就会使人不愿意与你交谈。

每个人对事物的看法各不相同，如果你在与他人交往的过程中，把自己的观点强加给别人，就会引起他人的不满。其实，每个人由于生活经历不同，对事物的认识也会不尽相同，各持己见也是正常的现象。但是当

他人提出不同意见时，就断然否定，把自己的观点强加给别人，这样必定会给人留下狭隘偏激的印象，使交谈无法进行下去，甚至不欢而散。当你与他人交谈时，应该顾及对方的感受，以宽容为怀，即使他人的观点不正确，也要坚持与对方共同探讨下去。

徐茂方是某大学外国语学院的学生会主席，能言善辩，口才极佳。但他有一个特点，凡事争强好胜，常因为一些问题的看法与别人争得面红耳赤，非得争个输赢出来才肯罢休。他总认为自己说的话有道理，别人说的话没道理。别人的看法和观点，常常被他驳得一无是处。大家讨论什么问题时，只要他在场，他就会疾言厉色，一会儿反驳这个，一会儿又批评那个，好像只有他一个人是正确的，别人都不如他。如果不把死的说活，活的说成仙，他就不会善罢甘休。就这样，他常常把气氛弄得很紧张，最后大家只好不欢而散。

其实，表现自己并没有错。在现代社会，充分发挥自己的潜能，表现出自己的才能和优势是适应挑战的必然选择。但是，表现自己要分场合、分方式，更要适度，别忘乎所以。避免矫揉造作，否则好像是做样子给别人看似的。特别是在众多同事面前，只有你一个人表现得特殊、积极，往往会被人认为是故意造作，推销自己，常常得不偿失。

还有的人，十分热衷于突出自己，与他人交往时，总爱谈一些自己感到荣耀的事情，而不在意对方的感受。

赵立就是这样一个人，不论谁到他家去，椅子还没有坐热，他就把家里值得炫耀的事情一件一件地向你说，说话的表情还是一副十分得意的样子。一位老同学下岗了，经济上有点紧张，他知道了，非但没有安慰人家，反而对这位同学说："我现在工作还算稳定，每月工资6000元，就是太忙，赚了钱都不知道怎么花。"这时候他开始显示自己身上的那一身西装，因为很值钱，于是就在朋友面前炫耀："这是我从香港买的名牌西服，

辑八　换一种行为　你今天所做的事，决定你十年后的生活是否舒适

你猜一猜多少钱？1800 元。"说完后，一脸得意的表情，感觉就好像说："怎么样，买不起吧？"

表现自己虽然是人的共同心理，但也要注意尺度与分寸。如果只是一味热衷于表现自己，轻视他人，对他人不屑一顾，这样很容易给人造成自吹自擂的不良印象。

客观地说，表现自己并不一定是件坏事，何况每个人都有表现自己的愿望。但是我们一定要注意场合，该收敛的时候收敛，该展现的时候展现。我们不能光想着表现自己，这样必将给自己带来很多不必要的麻烦。有时候做人还是要聪明一些，千万不要让一时的过失，影响到了自己整盘棋子的输赢。

随时随地保持你的随和，这是与人相处的首要原则

有人说，随和就是顺从众议，不固执己见；有人说，随和就是不斤斤计较，为人和蔼；还有人说，随和其实就是傻，就是老好人，就是没有原则。这让我们的内心有些迷茫，究竟随和给我们带来的是晦气还是福气呢？纵观一些有影响、有地位的公众人物，他们都有一个共同的特点：心态随和、平易近人。而与此相对照，非常有趣的是，有时候越是地位卑微的人越是容易发怒暴躁，他们动辄就因一些鸡毛蒜皮的事儿大发雷霆。由此看来，为人随和对一个人来说真的很重要，它代表着一种成熟，代表着一种从容，也代表着一种品位。

一位曾在酒店行业摸爬滚打多年的老总说："在经营饭店的过程中，几乎天天都会发生能把你气得半死的事儿。当我在经营饭店并为生计而必须要与人打交道的时候，我心中总是牢记着两件事情，第一件是：绝不能让别人的劣势战胜你的优势；第二件是：每当事情出了差错，或者某人真的使你生气了，你不仅不能大发雷霆，而且还要十分镇静，这样做对你的身心健康是大有好处的。"

　　一位商界精英说："在我与别人共同工作的一生中，多少学到了一些东西，其中之一就是，绝不要对一个人喊叫，除非他离得太远，不喊就听不见。即使那样，也要确保让他明白你为什么对他喊叫，对人喊叫在任何时候都是没有价值的，这是我一生的经验。喊叫只能制造不必要的烦恼。"

　　随和的人会成为智者；享受随和的人会成为慧者；拥有随和的人就拥有了一份宝贵的精神财富；善于随和的人，方能悟到随和的分量。要真正做到为人随和，确实得经过一番历练，经过一番自律，经过一番升华。

　　一个经理向全体职工宣布，从明天起谁也不许迟到，并自己带头。第二天，经理睡过了头，一起床就晚了。他十分沮丧，开车拼命奔向公司，连闯两次红灯，驾照被扣，他气喘吁吁地坐在自己的办公室。营销经理来了，他问："昨天那批货物是否发出去了？"营销经理说："昨天没来得及，今天马上发。"他一拍桌子，严厉训斥了营销经理。营销经理满肚子不愉快地回到了自己的办公室。此时秘书进来了，他问昨天那份文件是否打印完了，秘书说没来得及，今天马上打。营销经理找到了出气的借口，严厉地责骂了秘书。秘书忍气吞声一直到下班，回到家里，发现孩子躺在沙发上看电视，大骂孩子为什么不看书、不写作业。孩子带着极大的不满情绪回到自己的房间，发现猫竟然趴在自己的地毯上，他把猫狠狠地踢了一脚。

　　这就是愤怒所引起的一系列不良的反应，我们自己恐怕都有过类似的

辑八　换一种行为　你今天所做的事，决定你十年后的生活是否舒适

经历，叫作"迁怒于人"。在单位被领导训斥了，工作上遇到了不顺利的事儿，回家对着家人出气。在家同家人发生了不愉快，把家里的东西砸了，又把这种不愉快的情绪带到了工作单位，影响工作的正常进行。甚至可能路上碰到了陌生人，车被剐蹭了一下，就同别人发生口角。更严重的是，发生不愉快之后开车发泄，其后果就更不堪设想了。

我们一定要明白，愤怒容易坏事，还容易伤身。人在强烈愤怒时，其恶劣情绪会致使内分泌发生巨大变化，产生大量的荷尔蒙或其他化学物质，会对人体造成极大的危害。培根说："愤怒就像地雷，碰到任何东西都一同毁灭。"如果你不注意培养自己忍耐、心平气和的性情，一旦碰到"导火线"就暴跳如雷，情绪失控，就会把事情全都搞砸。

Part 4
有理性的人的生活，必须永远在进取中度过

不要认为今天有了点成绩，就可以享受美好生活了。今天你停了下来，但整个世界不会和你一起停下来，你不想被社会甩掉，就别蜗居在自己的安乐窝里怡然自得。挣脱出"现状"去挑战吧，生命的意义贵在进取。

知足固然常乐，但过分知足注定平庸

在一部分人的观念意识中，有些工作就是"铁饭碗"，找到了，就觉得自己的一生都得到了保障。然而，在竞争日益激烈的今天，曾经所谓的"铁饭碗"简直少之又少，而且，"铁饭碗"的牢靠程度也越来越小，即使是行政部门以及相关单位也不外如是。

另一方面，在"旱涝保收"的心态影响下，许多人开始变得越发懒散，开始不思进取，他们的生命就是在"等"：等下班、等工资、等退休，等着死亡的到来。由于自己狭窄的观念和生活空间，每天只能在住家和办公室之间来回住复，因而故步自封，不知道大环境的变化。一旦遭遇了经

辑八　换一种行为　你今天所做的事，决定你十年后的生活是否舒适

济寒流，企业要裁员、减薪或调整职务，就会不知所措，甚至生活无以为继。

还有一些人，他们觉得自己既不成功也不失败，不满足于自己目前所拥有的，但又认为自己无力改变现状。在生活的消磨之下，他们逐渐失去了追求，接受了自己就是普通人的想法，接受了自己并不满意的生活。从这个时候开始，他们将目光投向了那些与自己不相上下甚至活得更不如意的人。他们常用来聊以自慰的话就是"比上不足比下有余"。这其实是我们这个社会中大多数人的心态，但事实上这是一种非常糟糕的情况——堕入平庸而且甘于平庸。就生命的意义及生活目标的实现程度而言，平庸就是失败，甚至比失败更可怕，只是大多数人并没有意识到这种糟糕的状况。

平庸的行为源于思想的苍白无力，思想的贫乏则归根于所见之狭隘。人生无常，没有永远不变的事物，守着固定的概念，则永远无法突破自我，臻于完美。

有这样一位朋友，他在20世纪80年代末随单位来到深圳参加黄田国际机场的建设工作。改革开放后的特区给了他接触新世界的机会，然而由于当时头脑里的固化观念，他拒绝了某公司承诺的"年薪8万元"的邀请，在黄田机场完工后随单位离开深圳，到了广东梅州市一个山区县做水库工程。在县城里开了一个工程机械配件经营部，生意还不错。1995年，工程结束，他放弃了配件经营部，又随单位回到哈尔滨。至今已经近二十年了。

在一般人看来，他的生活还不错，衣食无缺，旱涝保收，但他却对自己20年前的选择懊悔不已。他说："由于我当时没有对自己做出正确的判断，没有对生活做出正确的判断，没有对身处的社会做出正确的判断，所以今天当我在面对岗位竞争危机时、当我为子女购房花光所有积蓄时、当

单位有数十辆小轿车而我没有乘坐资格时，我才知道：原来是过去错误的想法决定了我现在糟糕的状况。现在，我就快退休了，可能有人觉得退休以后就可以享清福了，但退休以后我要面对的是什么呢？是百无聊赖的生活，是疲惫不堪的身体，是勉强可以度日的退休金，甚至家中出现一点变故，我都有可能捉襟见肘。如果可以给我一次重新选择的机会，我想我能做出正确的选择，但生命就这一次，回不到从前了。"

夕阳无限好，只是近黄昏！我们未来的状况取决于现在的想法。如果有人还抱着这位朋友20年前的观念不放，那么可以预见，他的未来肯定就是这样百无聊赖的，甚至是老无所依的。生活要求我们必须做出改变！改变的第一步，就是放大你的追求。所有伟大的事业都起源于伟大的追求，所有伟大的成功者同时都是伟大的追求者。追求是一切成就的起点，是整个人类发展进步的起点。追求可以超越目前的现实，许多最初不被看好甚至被冠以荒诞之名的追求，在今天都已经成为了生活中的实际，成为后人更大的追求基础。拥有伟大追求的人，就拥有了极强大的力量，梦想的实现就不可阻挡。

有这样一个很有追求的人，他出生在一个优越家庭，从小聪明伶俐，又勤奋好学，是父母老师、亲朋好友眼中的好孩子。18岁那年，他考入复旦大学，因为成绩非常突出，提前一年毕业，分配到上海一家大型国企。第一年，他在基层埋头苦干，默默无闻；第二年，他一鸣惊人，升任集团下属分公司的副总经理，21岁的副总经理，在上海这是个不小的新闻；第三年，他一飞冲天，做到了集团董事长的秘书。一年一个样，三年大变样，这简直是职场奇迹。才华出众，年轻有为，没有人会怀疑，如果他在这条道路上继续走下去，前途无可限量。

可是，他的梦想远不止此，就在事业一帆风顺之时，他毅然决定辞职，要去证券公司。临走之前，有朋友好意提醒他："单位马上要分房子

辑八 换一种行为 你今天所做的事，决定你十年后的生活是否舒适

了，等分到了房子你再走不迟。"能在上海拥有一套属于自己的房子，是不少年轻人毕生奋斗的理想，那时他参加工作还不到几年，如果能分到房子，是无比幸运的事情。可他却不以为然，"难道我这辈子还挣不到一套房子？"一句话掷地有声，铿锵有力，朋友无言以对。燕雀安知鸿鹄之志，区区一套房子绑不住他梦想的翅膀。

由于赶上了中国股市的大牛市，他果断出击，很快掘到了人生第一桶金——50万元，不菲的数字，这又是一个骄人的成绩。一路走来，他的人生轨迹近乎完美无缺，那时完全可以找个安稳的工作，安心享受生活。可是那颗与生俱来永不安分的心，让他无法停下脚步，他野心勃勃地开始寻找下一个人生目标，准备创办网络公司。那时正是互联网的冬天，又有好心人劝他："你要懂得知足常乐，现在搞网络几乎不可能成功。"他偏不信。

于是在一间不足10平方米的小屋里，他投入全部家产，创立了盛大网络公司。从此一发不可收拾，他的人生传奇连番上演，人们以前所未有的震惊认识了这个年轻人——陈天桥。短短5年时间，他的个人财富以近乎"光速"飙升！一举登上中国大陆首富宝座，又一次颠覆了人们的想象力。

人常说知足者常乐，但知足者注定平庸。假如给你一份工作，保证你一年赚一亿，你会不会满足？但告诉你一个事实，即使是这样，你也要工作100多年才能赶上现在的陈天桥！陈天桥的发迹史的确与众不同，因为大多数人都是在逆境中崛起，而他却在顺境中演绎了不一样的传奇，这一切皆因为他有一颗不断超越的心。

其实成功的人生都有一个特质，就是不安分。改革开放以来的很多成功者，都是放弃了原来的铁饭碗，才取得了后来的成就。这并不是什么放弃精神，而是来自于骨子里的不安分。在他们看来，年轻时保值，就是贬值；年轻时贬值，就是废材；年轻时增值，才是人才。虽然他们之中也有折戟沉沙的人，但生命一直在跃动，在体现着价值。

我们不再超越，就面临着被人超越的危险

21世纪，没有危机感就是最大的危机。你想一成不变，可这个世界一直在变，并且它不会因为你的停顿而停滞不前。大形势要求我们必须做出改变。

看看那些身经百战的企业家是怎么说的：

微软的比尔·盖茨说："微软离破产永远只有18个月。"

海尔的张瑞敏总是感觉："每天的心情都是如履薄冰，如临深渊。"

联想的柳传志一直认为："你一打盹，对手的机会就来了。"

百度的李彦宏一再强调："别看我们现在是第一，如果你30天停止工作，这个公司就完了。"

别以为那都是企业家们的事情，事实上你的生活一样危险。在这个不断更新的社会中，一个人的成长过程就像是学滑雪一样，稍不留心就会摔进万丈深渊，只有忧虑者才能幸存。

陈应龙曾在一家企业担任行政总监，而如今只是一名待业者。在他成为公司的行政总监之前，他非常能折腾自己，卖命地工作，并且不断地学习和提升自己。他在行政管理上的才华很快得到了老板的肯定，工作3年之后他被提拔为行政主管，5年之后他就升到了行政总监的位置上，成了全公司最年轻的高层管理人员。

然而升官以后，拿着高薪，开着会司配备的专车，住着会司购买的华宅，在生活品质得到极大提升的同时，他的工作热情却一落千丈。他开始

辑八 换一种行为 你今天所做的事，决定你十年后的生活是否舒适

经常迟到，只为睡到自然醒；他也开始经常请假，只为给自己放个假；他把所有的工作都推给助手去做。当朋友们劝他应该好好工作的时候，他却说："不需要那么折腾了，坐到这个位置已经是我的极限了，我又不可能当上老总，何必把自己折腾得那么辛苦？"

这时的他俨然把更多精力放在了享乐上。就这样，他在行政总监的位置上坐了差不多 2 年的时间，却没有一点拿得出手的成绩，又有朋友提醒他："应该上进一点了，没有业绩是很危险的。"

没想到，他却不以为然："我是公司的功臣，公司离不了我，老板不会卸磨杀驴！"

的确，公司很多工作确实离不开他。然而，他的消极怠工最终还是让老板动了换人的念头。终于有一天，当他开着车像往日一样来到公司，优越感十足地迈着方步踱进办公室时，他看到了一份辞退通知书。陈应龙就这样被自己的不思进取淘汰掉了。

被辞退了，高薪没了，车子退了，华宅也收回了，这时的他不得不去租一间小得可怜、上厕所都不方便的单间。

很多人都像上面这位老兄一样，自以为不可替代，其实，这个时代缺少很多东西，但独独不缺的就是人，所以，真的别顺从自己的那根懒筋。

人常说"知足是福"，的确，知足的人生会让我们体会到什么是美好，会让我们知道什么东西才值得去珍惜；但不满足也会告诉我们，其实我们还可以做得更好，我们还可以更进一步。所以，人生要学会知足，但不要轻易满足。在现代社会，竞争的激烈程度不言而喻，无论从事哪种职业，都需要一定的危机感。从某种程度上说，危机感也是一把双刃剑，有时人的危机感过于膨胀，的确会让人心力交瘁，甚至在压力下走向崩溃。可是，如果我们假设一下没有危机感的情形，就会发现，假如危机感消失，那么大到国家小到个体，就都会进入一种自满无知的状态。这种满足感就

像酒精一样，麻木了我们的感官，模糊了他们的视线，使我们无法看到大局、长远目标，以及自身所面临的危机。

就像我们前面提到的陈应龙，无论他曾经多么出色，无论他曾为公司做出过多少贡献，从他自我满足、放弃折腾自己的那一刻开始，他的一切就都将变得消极被动。这时的他是一种"当一天和尚撞一天钟"的心态，他把自己所做的每一件事只是当作任务来完成而已，不再思考如何做得更好；这时的他也最容易忽视竞争的存在，自以为已经在竞争中遥遥领先，那么就会像和乌龟赛跑的兔子一样，把自己的优点经营成一种笑话。相反，即使一个人能力并不出众，智慧也不超常，但只要他不安于现状，他愿意不停地折腾自己，力求把每一件事都做到最好，他依然能够获得成功。

所以说，人不能一直停留在舒适而具有危险性的现状之中，因为当你停下前进的脚步时，整个世界并没有和你一起停下，你周围的人仍在不停地前进着。

无论什么时候，都不要让自己落在别人的后面

有生物就会有竞争，要避开竞争不可能，消除竞争，除非万物俱焚。物竞天择，适者生存，这是大自然的定律。

毫无疑问，竞争是残酷的。

在热带雨林有一种"绞杀现象"：一些叫作榕树的植物，如歪叶榕等，它们的种子被鸟类食用以后不会消化，而是随着粪便排泄在其他乔木上，

辑八 换一种行为 你今天所做的事，决定你十年后的生活是否舒适

当条件适宜时，这些种子便会发芽，长出许多气根，气根沿着寄主树干爬到地面，插入土壤中，拼命抢夺寄主植物的养分、水分。同时，气根不断增粗，分枝形成一个网状系统紧紧地把寄主树的主干箍住。随着时间的推移，绞杀植物的气根越长越多，越长越茂盛，而被绞杀的寄主植物终因外部绞杀的压迫和内部养分的贫乏而逐渐枯死，最后绞杀者取而代之，成为一株独立的大树。

这是植物界的竞争，在动物界也不例外。

每年春季，鹰都会产卵育子，一般一次生两个蛋。雏鹰从破壳而出就开始了竞争，只要爸爸妈妈带回食物，它们立刻张开嘴巴，大声地叫唤，希望将食物塞进自己的嘴里，而每次大鹰都会给头仰得最高、叫声最大的孩子喂食。而那只弱一点的幼鹰就会被活活饿死。

这就是优胜劣汰，同样存在于人类社会中。人类的发展、社会的进步，都是在竞争的推动下进行的。单从个体的角度上说，竞争影响着人生。富有竞争意识的个体能够激发潜能。我们知道，潜能是无限的，但人类安于现状的惰性同样很大。在思维里加入竞争意识，能够督促我们改掉懒散、不思进取的习惯，从而促进潜能的释放。一个人，如果能够积极地参与到竞争中去，就一定能够拓展人生的宽度和深度。

玛格丽特·撒切尔是一个享誉世界的政治家，她有一位非常严厉的父亲。父亲总是告诫自己的女儿："无论什么时候，都不要让自己落在别人的后面。"撒切尔牢牢记住父亲的话，每次考试的时候她的成绩总是第一，在各种社团活动中也永远做得最好，甚至在坐车的时候，她也尽量坐在最前排。后来，撒切尔成为了英国历史上唯一的女首相，众所周知的"铁娘子"。

在这个以竞争求生存的世界，如果你没有"争第一"的念头，就不会有所作为。你的人生必然一塌糊涂，必然极度乏味、极度平庸。想要成功，你就必须把自己定位为成功者，并在这条路上矢志不移地走下去！